"十三五"高等职业教育国家规划教材

# 应用数学基础(1)

YINGYONG SHUXUE JICHU

(第二版)

主　编　姬小龙　黄瑞芳
副主编　赵晓花

河南大学出版社
·郑州·

### 图书在版编目(CIP)数据

应用数学基础.1/姬小龙,黄瑞芳主编. —2版. —郑州:河南大学出版社,2018.4
ISBN 978-7-5649-3256-5

Ⅰ.①应… Ⅱ.①姬… ②黄… Ⅲ.①应用数学—高等职业教育—教材 Ⅳ.①O29

中国版本图书馆 CIP 数据核字(2018)第 060327 号

| | |
|---|---|
| 责任编辑 | 张雪彩 |
| 责任校对 | 阮林要 |
| 助理校对 | 王 贝 |
| 封面设计 | 陈盛杰 |

| | | | | |
|---|---|---|---|---|
| 出版发行 | 河南大学出版社 | | | |
| | 地址:郑州市郑东新区商务外环中华大厦 2401 号 | | 邮编:450046 | |
| | 电话:0371-86059712(高等教育出版分社) | | | |
| | 0371-86059713(营销部) | | 网址:www.hupress.com | |
| 排 版 | 郑州市今日文教印制有限公司 | | | |
| 印 刷 | 辉县市伟业印务有限公司 | | | |
| 版 次 | 2013 年 8 月第 1 版 | | 印 次 | 2018 年 4 月第 6 次印刷 |
| | 2018 年 4 月第 2 版 | | | |
| 开 本 | 787mm×1092mm 1/16 | | 印 张 | 8.5 |
| 字 数 | 139 千字 | | 定 价 | 26.00 元 |

(本书如有印装质量问题,请与河南大学出版社营销部联系调换)

# 前　言

　　课程建设是高等职业教育专业建设的重要组成部分,而课程建设离不开教材的建设、开发与利用."应用数学基础"是五年制高等职业教育各专业必修的一门公共基础课程,我们在本课程的开发过程中重视教育对象——学生在"课"中的历程、经验、体验.基于此,本书作者在本教材的编写过程中,坚持以学生为中心、以学生"自主学习"为目标、以"易教易学,必须够用"为度的总体要求.

　　本书分为四册,第一册内容包括集合与逻辑用语,坐标系与一元不等式,函数,幂函数、指数函数与对数函数,共四章.考虑到目前五年制高职学生的实际情况,本册内容的建议授课时数约为100学时,供五年制高职一年级第一学期使用.

　　本书有别于其他同类教材之处,主要体现在以下几个方面:

　　1. 叙述通俗易懂,深入浅出,着重于基本概念、基本理论、基本方法,突出基础性和实用性,加强对学生的自主学习能力、熟练运算能力、分析问题和解决问题能力的培养,在培养学生数学思想和用数学方法解决实际问题能力方面有一定的尝试.

　　2. 在强调基础性和实用性的同时,坚持"少而精"的原则,重视体系设计,循序渐进,符合学生的特征和认知规律,尽量做到结构体例新颖,便于教师和学生使用.教材的难度深浅适中,既符合学生的实际水平,又加强了教学的针对性,并注意吸收新知识、新观念,便于学生自主学习.

　　3. 针对五年制高职生的实际状况,降低了编写起点,将一些初中数学的基础知识融入其中,切实做到教学中师生使用"零起点"和"无障碍",照顾到了各种层次学生的特点与实际.

　　4. 在例题、课堂练习、习题、复习题、自测题的选取上注意难易适中,适度加强课堂练习力度.每一节课后设有练习,每一小节后设有习题,每一章后设有复习题,每一册书后设有自测题.学生通过独立完成练习、习题、复习题、自测题这4个环节的做题训练,基本上能够达到本课程的教学目标.

本书由姬小龙、黄瑞芳任主编,编写分工如下:姬小龙(第1章)、黄瑞芳(第2章、第4章的§4.1~§4.3、自测题)、赵晓花(第3章、第4章的§4.4~复习题).本书由姬小龙承担策划、统稿等工作.

由于编者水平有限,加之时间短促,不足之处在所难免,真诚欢迎使用本教材的教师、学生和同行专家、学者批评指正,以便修订时完善.

编 者

2017年5月

# 目 录

### 第1章　集合与逻辑用语　/1

§1.1　集合　/1

1. 集合的概念　/1

2. 集合的表示法　/2

3. 集合之间的关系　/4

4. 集合的运算　/6

习题1.1　/9

§1.2　命题与逻辑用语　/10

1. 命题　/10

2. 逻辑联结词　/12

3. 四种命题　/14

4. 充分条件与必要条件　/16

5. 全称量词与特称量词　/17

习题1.2　/19

名词索引　/20

数学符号　/20

常用公式　/21

复习题A　/22

复习题B　/24

### 第2章　坐标系与一元不等式　/26

§2.1　实数、数轴、区间　/26

1. 实数与数轴　/26

2. 区间　/28

习题 2.1 /30

§2.2 平面直角坐标系 /32
   1. 平面直角坐标系的概念 /32
   2. 两点间的距离公式 /34
   3. 中点坐标公式 /36
   习题 2.2 /38

§2.3 一元不等式 /39
   1. 不等式的基本性质 /39
   2. 一元一次不等式 /40
   3. 一元一次不等式组 /42
   4. 含绝对值的不等式 /44
   5. 一元二次不等式 /45
   6. 线性分式不等式 /48
   习题 2.3 /49

名词索引 /50
数学符号 /51
常用公式 /51
复习题 A /53
复习题 B /55

# 第 3 章 函数 /59

§3.1 映射 /59
   习题 3.1 /61

§3.2 函数的概念 /62
   1. 函数的定义 /62
   2. 函数的表示法 /64
   习题 3.2 /67

§3.3 单调函数 /68
   习题 3.3 /70

§3.4 奇函数与偶函数 /70
   1. 奇函数 /70

2. 偶函数　/71
　　习题 3.4　/74
§3.5　一元二次函数　/75
　　习题 3.5　/78
§3.6　反函数　/79
　　习题 3.6　/81
§3.7　复合函数　/82
　　习题 3.7　/83
§3.8　分段函数　/83
　　习题 3.8　/85

名词索引　/86
数学符号　/86
常用公式　/86
复习题 A　/88
复习题 B　/90

## 第 4 章　幂函数、指数函数与对数函数　/94

§4.1　指数　/94
　　1. 整数指数幂　/94
　　2. 根式　/96
　　3. 分数指数幂　/97
　　习题 4.1　/98
§4.2　幂函数　/99
　　习题 4.2　/101
§4.3　指数函数　/101
　　1. 指数函数的定义　/101
　　2. 指数函数的图像与性质　/102
　　习题 4.3　/104
§4.4　对数　/105
　　1. 对数的定义　/105
　　2. 对数的运算性质　/108

3. 常用对数与自然对数　/109

4. 换底公式　/110

习题 4.4　/111

§4.5　对数函数　/112

习题 4.5　/114

名词索引　/115

数学符号　/115

常用公式　/115

复习题 A　/117

复习题 B　/120

**自测题**　**/123**

# 第1章　集合与逻辑用语

集合是现代数学中最基本的概念,逻辑用语是从事一切数学活动必不可少的最基本的思维与表述工具. 本章学习的主要内容是集合的概念、集合的运算、命题、逻辑联结词、充分条件、必要条件等.

## §1.1　集　　合

### 1. 集合的概念

无论是在数学活动中还是在日常生活中我们都曾不止一次地使用过"集合"一词. 例如,"小于 5 的自然数构成的集合""某一平面内的所有三角形组成的集合""中国的直辖市组成的集合""济源市图书馆的全部藏书组成的集合"等.

一般地,我们把具有确定性质而相互间又有明确区别的一些对象的全体称为**集合**,简称为**集**. 集合中的每个对象叫作这个集合的**元素**.

例如,某职业技术学院的全体学生组成一个集合,每个学生都是这个集合的元素;某企业生产的一批电视机(每个个体都被看作是不同的)组成一个集合,其中的任何一台电视机都是这一集合的元素;太阳系的所有行星组成一个集合,每个行星都是这个集合的元素.

通常用大写字母表示集合,用小写字母表示元素. 例如,常用的一些数集(元素为数的集合)通常用如下字母表示:$N$ 表示**自然数集**,$Z$ 表示**整数集**,$Q$ 表示**有理数集**,$R$ 表示**实数集**. 如果上述数集中的元素只限于正数,就在集合记号的右上角标上"+"号;如果数集中的元素都是负数,就在集合记号的右上角标上"－"号.例如,正整数集用 **N**$^+$ 表示,负整数集用 **Z**$^-$ 表示,正实数集用 **R**$^+$ 表示等.

若 $a$ 是集合 $A$ 的元素,就说 $a$ 属于 $A$,记作"$a \in A$";若 $a$ 不是集合 $A$ 的元素,就说 $a$ 不属于 $A$,记作"$a \notin A$".例如,$0 \in \mathbf{N}$,$-1 \notin \mathbf{N}$,$-2 \in \mathbf{Z}$,$\sqrt{2} \in \mathbf{R}$,$\sqrt{3} \notin \mathbf{Q}$,$\pi \in \mathbf{R}$ 等,可见数学符号"$\in$"与"$\notin$"用来表示元素与集合之间的关系.

包含有限个元素的集合称为**有限集**,不是有限集的集合称为**无限集**.例如,"我国 985 高等学校组成的集合""小于 6 的自然数组成的集合""太阳系的九大行星组成的集合""某班级学生组成的集合"都是有限集,而自然数集、整数集、有理数集和实数集都是无限集.

我们把不含有任何元素的集合叫作**空集**,记作"$\varnothing$",读作"欧".空集是唯一的,空集是有限集.例如,"方程 $x^2+1=0$ 在实数范围内的解集"就是空集.我们把至少含有一个元素的集合叫作**非空集**.

1. 选择数学符号"$\in$"和"$\notin$"中适当的一个填空:

   (1) $-1$ ____ **N**;　　(2) $0$ ____ **N**;　　(3) $b$ ____ $\{a,b\}$;

   (4) $\pi$ ____ **R**$^+$;　　(5) $-\sqrt{2}$ ____ **Q**;　　(6) $0$ ____ $\{0\}$.

2. 写出下列集合的所有元素,并指出哪些是有限集,哪些是无限集,哪些是空集,哪些是非空集.

   (1) 一年中有 28 天的月份组成的集合;

   (2) 方程 $x^2+4=0$ 在实数范围内的解集;

   (3) 能被 2 整除的所有整数组成的集合;

   (4) 2013 年之前"星光大道"节目年度总冠军组成的集合(可以上网搜索);

   (5) 我国古代四大发明组成的集合(可以上网搜索);

   (6) 方程 $2x+1=1$ 的解集;

   (7) 不超过 8 的自然数组成的集合;

   (8) 我国农历中的"二十四节气"组成的集合(可以上网搜索).

## 2. 集合的表示法

常用的表示集合的方法有两种:列举法和描述法.

**列举法**就是把集合的元素一一列举出来写在花括号{}内表示集合的方法,每个元素仅写一次,不考虑元素的顺序.例如,小于5的自然数组成的集合,可以表示为{4,3,2,1,0};中国的四个直辖市组成的集合,可以表示为{重庆,天津,上海,北京};自然数集 **N** 可以表示为{0,1,2,3,4,5,…};方程 $x^2-1=0$ 的解集,可以表示为{-1,1}.

用列举法表示集合时要注意如下几点事项:

(1) 集合包含的元素个数不多或元素间有一定规律可循且不致误解时使用;

(2) 要将集合的所有元素写在花括号内;

(3) 元素与元素之间用逗号隔开;

(4) 不必考虑元素的前后顺序.

**描述法**就是把集合中的元素所具有的共同性质描述出来,写在花括号{}内表示集合的方法.

一般地,如果我们设 $p(x)$ 表示元素 $x$ 具有性质 $p$,那么具有性质 $p$ 的所有元素组成的集合可书写为

$$\{x \mid p(x)\}.$$

例如,方程 $ax^2+bx+c=0$ 的解组成的集合,可以表示为 $\{x \mid ax^2+bx+c=0\}$;所有偶数组成的集合,可以表示为 $\{x \mid x=2k, k \in \mathbf{Z}\}$;一次函数 $y=3x-1$ 图像上所有点组成的集合,可以表示为 $\{(x,y) \mid y=3x-1\}$.

有些集合用列举法表示方便,有些集合用描述法表示合适,有些集合既可以用列举法表示又可以用描述法表示,在实际运用中要看具体问题而定.例如,集合 $\{x \mid -2<x<2, x \in \mathbf{Z}\}$ 是用描述法表示的,而满足 $-2<x<2$ 的所有整数为 $-1,0,1$,所以这个集合又可以用列举法表示为 $\{-1,0,1\}$;集合 $\{x \mid -1<x \leqslant 2\}$ 只能用描述法表示,不能用列举法表示(思考一下,为什么不能用列举法).

**【例 1】** 用适当的方法表示下列集合:

(1) 小于 10 的正奇数组成的集合;

(2) 全体偶数组成的集合;

(3) 方程 $x^2-9=0$ 的所有实数根组成的集合;

(4) 某一平面上的所有圆组成的集合;

(5) 直角坐标平面上第二象限内的所有点组成的集合.(参阅第 2 章

§2.2)

**解** (1) 用列举法表示为 $A=\{1,3,5,7,9\}$.

(2) 用列举法表示为 $B=\{\cdots,-4,-2,0,2,4,\cdots\}$,这个集合也可以用描述法表示为 $B=\{x|x=2k,k\in\mathbf{Z}\}$.

(3) 用列举法表示为 $C=\{-3,3\}$.

(4) 用描述法表示为 $D=\{x|x$ 为某一平面上的圆$\}$,也可以直接用描述法表示为 $D=\{某一平面上的圆\}$.

(5) 用描述法表示为 $E=\{(x,y)|x<0$ 且 $y>0,x\in\mathbf{R},y\in\mathbf{R}\}$.

我们把只含有一个元素的集合叫作**单元素集**. 例如,方程 $x+3=0$ 的解集$\{-3\}$就是单元素集;集合$\{x|x+1=1\}$也是一个单元素集$\{0\}$,因为它只含有一个元素"0".

### 3. 集合之间的关系

**子集**

在讨论两个及两个以上集合时,自然要关心这些集合之间有什么样的关系. 先来看看自然数集 $\mathbf{N}$ 和整数集 $\mathbf{Z}$ 之间的关系:任何一个自然数都是整数,这就是说,$\mathbf{N}$ 中的任何一个元素都是 $\mathbf{Z}$ 的元素,$\mathbf{N}$ 是 $\mathbf{Z}$ 的一部分,它们之间是部分与整体的关系. 对于这种情况有如下定义.

**定义 1** 设 $A$ 与 $B$ 是两个集合,如果集合 $A$ 的任何一个元素都是集合 $B$ 的元素,那么集合 $A$ 叫作集合 $B$ 的**子集**,记作"$A\subseteq B$"或"$B\supseteq A$",读作"$A$ 包含于 $B$"或"$B$ 包含 $A$",也可说成"$A$ 是 $B$ 的子集"或"$B$ 是 $A$ 的**扩集**".

若 $A$ 是任意一个集合,则 $A\subseteq A$,$\varnothing\subseteq A$,即任意一个集合是它本身的子集,空集是任意一个集合的子集.

例如,自然数集 $\mathbf{N}$ 和整数集 $\mathbf{Z}$ 的关系可叙述为"自然数集 $\mathbf{N}$ 是整数集 $\mathbf{Z}$ 的子集",用符号可以表示为"$\mathbf{N}\subseteq\mathbf{Z}$".

**定义 2** 如果集合 $A$ 是集合 $B$ 的子集,且 $B$ 中至少有一个元素不属于 $A$,那么集合 $A$ 叫作集合 $B$ 的**真子集**,记作"$A\subset B$"或"$B\supset A$".

需要注意的是,数学符号"$\subset$"与"$\supset$"在有的教科书上用"$\subsetneq$"与"$\supsetneq$"来表示.

例如,自然数集 $\mathbf{N}$ 不但是整数集 $\mathbf{Z}$ 的子集,而且还是它的真子集,可记为 $\mathbf{N}\subset\mathbf{Z}$;集合$\{-1,0,2,3\}$不但是集合$\{-2,-1,0,1,2,3,4\}$的子集,而且是它

的真子集,可记为 $\{-1,0,2,3\}\subset\{-2,-1,0,1,2,3,4\}$.

**【例 2】** 写出集合 $\{0,1,2\}$ 的所有子集,并指出哪些是真子集.

**解** 集合 $\{0,1,2\}$ 有三个元素 $0,1,2$. 它的子集为 $\varnothing,\{0\},\{1\},\{2\}$, $\{0,1\},\{0,2\},\{1,2\},\{0,1,2\}$,共有 8 个子集,除 $\{0,1,2\}$ 外,其余 7 个都是真子集.

集合以及集合之间的关系可以用图形表示,叫作**韦恩**(Venn John)**图**. 韦恩图是用一个简单的平面区域代表一个集合,如图 1-1 所示,集合内的元素用区域内的点来表示.

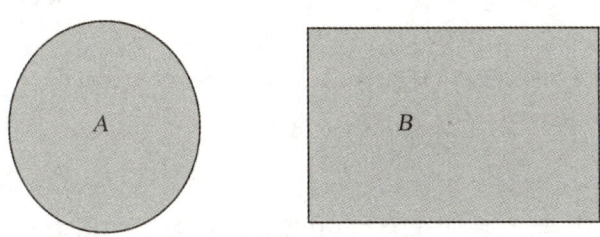

**图 1-1**

我们不难知道,空集是任何非空集合的真子集.

**相等**

**定义 3** 设 $A$ 与 $B$ 是两个集合,如果 $A\subseteq B$ 且 $B\subseteq A$,那么称集合 $A$ 与集合 $B$ **相等**,记作"$A=B$",读作"$A$ 等于 $B$".

两个集合相等是说这两个集合相互包含,即它们的元素完全相同. 例如,设 $A=\{x\mid x^2-5x+6=0\}$,$B=\{2,3\}$,经验证 $A\subseteq B$ 且 $B\subseteq A$,所以 $A=B$.

 练习

1. 选择数学符号"$\in$""$\notin$""$\subset$""$\supset$""$\subseteq$""$\supseteq$""$=$"中适当的一个填空:

   (1) $\{-1\}$ ____ $\{x\mid x+1=0\}$;　　(2) $\{0\}$ ____ $\mathbf{N}$;

   (3) $\{b\}$ ____ $\{a,b\}$;　　(4) $\{1,2,3,5\}$ ____ $\{2,5\}$;

   (5) $3.14$ ____ $\mathbf{Z}$;　　(6) $\{-1\}$ ____ $\{x\mid x^2-1=0\}$.

2. 将下列集合用适当的方法表示:

   (1) 10 的正约数组成的集合;

   (2) 方程 $x^2-\pi=0$ 的实数根组成的集合;

   (3) 绝对值等于 3 的实数组成的集合;

   (4) 直线 $y=2x$ 上的所有点组成的集合.

3. 将下列集合用另一种方法表示:

(1) $A=\{x|-1<x<5, x\in \mathbf{Z}\}$;

(2) $B=\{x|x=2k+1, k\in \mathbf{N}\}$.

## 4. 集合的运算

如同数与数之间有加、减、乘、除等多种运算一样,集合与集合之间也有其特定的运算,通过这些运算可以构造出一些新的集合. 交、并、补是集合的三种基本运算.

### 交集

先看一个例子. 设集合 $A=\{3,4,5,6,7,8,9\}$, $B=\{0,1,2,3,4,5,6\}$, 则 $A$ 与 $B$ 的公共元素可以组成一个新的集合 $C=\{3,4,5,6\}$, 对于这样的集合有如下定义.

**定义 4** 设 $A$ 与 $B$ 是两个集合, 由集合 $A$ 与 $B$ 的所有公共元素组成的集合叫作集合 $A$ 与 $B$ 的**交集**, 记作"$A\cap B$", 读作"$A$ 交 $B$", 即

$$A\cap B=\{x|x\in A \text{ 且 } x\in B\}.$$

两个集合的交集可用图 1-2 所示的阴影部分表示.

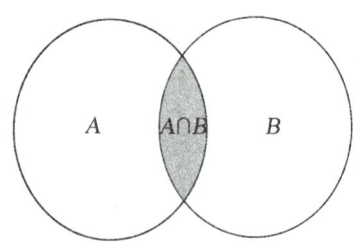

图 1-2

由定义 4 可知,对于任意集合 $A,B$ 都有

$$A\cap B=B\cap A, \quad A\cap A=A, \quad A\cap \varnothing=\varnothing \cap A=\varnothing.$$

若 $A\subseteq B$,则 $A\cap B=A$.

【**例 3**】 设 $A=\{-1,0,3,4,7,9\}$, $B=\{-2,0,5,7,8,9\}$, 求 $A\cap B$.

**解** $A\cap B=\{0,7,9\}$.

【**例 4**】 设 $A=\{\text{等腰三角形}\}$, $B=\{\text{直角三角形}\}$, 求 $A\cap B$.

**解** $A\cap B=\{\text{等腰直角三角形}\}$.

【**例 5**】 设 $A=\{(x,y)|x+y=3\}$, $B=\{(x,y)|x-y=1\}$, 求 $A\cap B$.

**解** $A\cap B=\{(x,y)|x+y=3\}\cap \{(x,y)|x-y=1\}$

$$= \left\{(x,y) \middle| \begin{cases} x+y=3, \\ x-y=1 \end{cases}\right\}$$
$$= \{(2,1)\}.$$

**并集**

设集合 $A=\{-3,1,0,2\}$, $B=\{-1,0,1,2,3\}$, 则属于 $A$ 或属于 $B$ 的所有元素可以组成一个新的集合 $C=\{-3,-1,0,1,2,3\}$, 对于这样的集合有如下定义.

**定义 5**  设 $A$ 与 $B$ 是两个集合, 由属于 $A$ 或属于 $B$ 的所有元素组成的集合叫作集合 $A$ 与 $B$ 的**并集**, 记作 "$A\cup B$", 读作 "$A$ 并 $B$", 即
$$A\cup B = \{x \mid x\in A \text{ 或 } x\in B\}.$$

两个集合的并集可用图 1-3 所示的阴影部分表示.

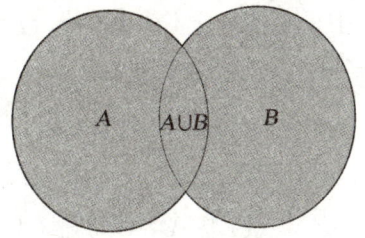

**图 1-3**

由定义 5 可知, 对于任意集合 $A,B$ 都有
$$A\cup B = B\cup A, \quad A\cup A = A, \quad A\cup\varnothing = \varnothing\cup A = A.$$

若 $A\subseteq B$, 则 $A\cup B=B$.

**【例 6】** 已知 $A=\{a,b,d,e\}$, $B=\{b,c,d,f\}$, 求 $A\cap B$, $A\cup B$.

**解**  $A\cap B = \{a,b,d,e\}\cap\{b,c,d,f\} = \{b,d\}$,

$A\cup B = \{a,b,d,e\}\cup\{b,c,d,f\} = \{a,b,c,d,e,f\}$.

**【例 7】** 设 $A=\{$有理数$\}$, $B=\{$无理数$\}$, 求 $A\cap B$, $A\cup B$.

**解**  $A\cap B = \{$有理数$\}\cap\{$无理数$\} = \varnothing$,

$A\cup B = \{$有理数$\}\cup\{$无理数$\} = \mathbf{R}$.

**【例 8】** 设 $A=\{x\mid -1\leqslant x<5\}$, $B=\{x\mid 2<x\leqslant 8\}$, 求 $A\cap B$, $A\cup B$.

**解**  $A\cap B = \{x\mid -1\leqslant x<5\}\cap\{x\mid 2<x\leqslant 8\} = \{x\mid 2<x<5\}$,

$A\cup B = \{x\mid -1\leqslant x<5\}\cup\{x\mid 2<x\leqslant 8\} = \{x\mid -1\leqslant x\leqslant 8\}$.

设 $A,B,C$ 是任意三个集合, 则有

(1) **交换律**
$$A\cap B=B\cap A,\ A\cup B=B\cup A.$$

(2) **结合律**
$$(A\cap B)\cap C=A\cap(B\cap C),\ (A\cup B)\cup C=A\cup(B\cup C).$$

(3) **分配律**
$$A\cap(B\cup C)=(A\cap B)\cup(A\cap C),\ A\cup(B\cap C)=(A\cup B)\cap(A\cup C).$$

**补集**

在研究集合与集合之间的关系和运算时,如果一些集合都是某一给定的集合的子集,那么这个给定的集合叫作这些集合的**全集**,全集通常用 $U$ 表示. 比如,在研究数集时,可以把实数集 **R** 作为全集.

**定义 6** 设 $U$ 为全集,$A$ 为 $U$ 的一个子集,由 $U$ 中所有不属于 $A$ 的元素组成的集合,叫作 $A$ 在 $U$ 中的**补集**,记作"$\complement_U A$",读作"$A$ 在 $U$ 中的补集",有时简称为"$A$ 的补",即
$$\complement_U A=\{x\mid x\in U\text{ 且 }x\notin A\}.$$

$A$ 在 $U$ 中的补集如图 1-4 所示. 由定义 6 可知,对于任意集合 $A$ 都有
$$A\cap\complement_U A=\varnothing,\ A\cup\complement_U A=U,\ \complement_U(\complement_U A)=A.$$

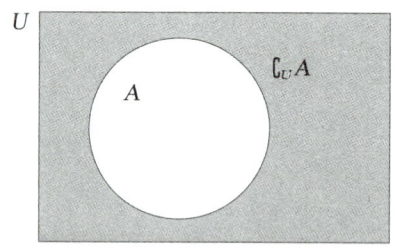

图 1-4

【例 9】已知 $U=\{0,2,3,4,5,6,7\}$,$A=\{3,5,6\}$,求:

(1) $\complement_U A$; (2) $A\cap\complement_U A$,$A\cup\complement_U A$.

**解** 由补集定义可得

(1) $\complement_U A=\{0,2,4,7\}$;

(2) $A\cap\complement_U A=\varnothing$,$A\cup\complement_U A=U$.

【例 10】设全集 $U=\mathbf{R}$,$A=\{x\mid x<2\}$,求 $\complement_U A$,$\complement_U(\complement_U A)$.

**解** 由定义知,
$$\complement_U A=\{x\mid x\geqslant 2\},\ \complement_U(\complement_U A)=\complement_U(\{x\mid x\geqslant 2\})=\{x\mid x<2\}=A.$$

最后给出交、并、补运算的两个重要关系式：
$$\complement_U(A\cap B)=\complement_U A\cup \complement_U B,\quad \complement_U(A\cup B)=\complement_U A\cap \complement_U B.$$

**练习**

1. 设 $A=\{1,2,3,4\}$，$B=\{3,4,5,7\}$，求 $A\cap B$，$A\cup B$.
2. 设 $A=\{x\mid -3<x<2\}$，$B=\{x\mid 0<x<5\}$，求 $A\cap B$，$A\cup B$.
3. 设全集 $U=\{a,b,c,d,e,f\}$，$A=\{a,d\}$，$B=\{d,e,f\}$，求：
   (1) $A\cap B$，$A\cup B$；
   (2) $\complement_U A$，$\complement_U B$；
   (3) $\complement_U(A\cup B)$，$\complement_U A\cap \complement_U B$.
4. 设 $U=\mathbf{R}$，$A=\{x\mid x\geqslant 3\}$，$B=\{x\mid 1<x\leqslant 2\}$，求 $\complement_U A$，$\complement_U B$.

**习题 1.1**

1. 用适当的数学符号填空：
   (1) $\varnothing$ _____ $\mathbf{N}$；
   (2) $0$ _____ $\mathbf{N}$；
   (3) $\{2,3\}$ _____ $\{-1,2,3,4\}$；
   (4) $\pi$ _____ $\mathbf{Q}$；
   (5) $\varnothing$ _____ $\{\varnothing\}$；
   (6) $\{a\}$ _____ $\{a,b\}$；
   (7) $\sqrt{3}$ _____ $\mathbf{Z}$；
   (8) $5$ _____ $\mathbf{Q}$；
   (9) $0$ _____ $\{x\mid x=2k-1,k\in\mathbf{Z}\}$.

2. 用适当的方法表示下列集合，并指出它是有限集还是无限集.
   (1) 大于 0 且小于 12 的奇数组成的集合；
   (2) 全体正奇数组成的集合；
   (3) 直线 $y=3x+1$ 上的点组成的集合；
   (4) 世界四大文明古国组成的集合；
   (5) 直线 $y=x-2$ 和直线 $y=2x+1$ 的交点组成的集合；
   (6) 绝对值不超过 3 的全体整数组成的集合.

3. 写出集合 $\{1,2\}$ 的所有子集.
4. 写出集合 $A=\{0,1,2,3\}$ 的所有真子集.
5. 设 $A=\{0,1,2,3,4,5\}$，$B=\{8,7,6,5,4,3\}$，求 $A\cup B$，$A\cap B$.
6. 设 $A=\{x\mid -2<x\leqslant 6\}$，$B=\{x\mid 1\leqslant x<10\}$，求 $A\cap B$，$A\cup B$.

7. 设 $U=\{0,1,2,3,4,5,6,7,8,9\}, A=\{2,4,5,8,9\}, B=\{0,1,3,5,6,7\}$，求：

(1) $A\cap B, A\cup B, \complement_U A, \complement_U B$；

(2) 验证 $\complement_U(A\cap B) = \complement_U A \cup \complement_U B, \complement_U(A\cup B) = \complement_U A \cap \complement_U B$.

8. 设 $U=\mathbf{R}, A=\{x\mid x\leqslant 3\}, B=\{x\mid -1<x\leqslant 5\}$，求 $\complement_U A, \complement_U B$.

9. 设 $U$ 是全集，$A\subseteq U, B\subseteq U, C\subseteq U$. 举例验证：

(1) $A\cap(B\cup C)=(A\cap B)\cup(A\cap C)$，
$A\cup(B\cap C)=(A\cup B)\cap(A\cup C)$；

(2) $A\cup B=(A\cap \complement_U B)\cup(B\cap \complement_U A)\cup(A\cap B)$，
$(A\cap \complement_U B)\cap(B\cap \complement_U A)=\varnothing$；

(3) $(A\cap \complement_U B)\cap(A\cap B)=\varnothing, (B\cap \complement_U A)\cap(A\cap B)=\varnothing$.

## §1.2 命题与逻辑用语

人们在日常交往、社会实践及业务学习过程中，经常使用"语言"这一最基本的交流工具，那么如何用简洁的语言来清晰地表达我们的想法呢？在这一节中，我们将学习常用的逻辑用语. 正确、恰当地使用逻辑用语，不仅能反映数学内容的逻辑关系，而且能帮助我们准确地理解和表达数学内容. 逻辑用语是从事一切数学活动必不可少的最基本的思维与表述工具.

### 1. 命题

先来看下面的一些语句：

(1) 0 是自然数.

(2) $3+9=11$.

(3) 北京是中国的首都.

(4) 煤球是白色的.

(5) 今天是星期六.

(6) $x>2$.

(7) 今天的天气好热啊！

(8) 您上网了吗？

(9) 请不要吸烟！

(10) 向右看齐！

语句(1),(2),(3),(4),(5),(6)都是陈述句,语句(7),(8),(9),(10)都不是陈述句.语句(1),(2),(3),(4)可以确定真假.其中,语句(1),(3)正确,是真的;语句(2),(4)错误,是假的.语句(5)要看说话的时间而定,在星期六说为真,在其他日期说为假.语句(6)要看 $x$ 的具体取值而定,当 $x$ 取大于 $2$ 的值时为真,当 $x$ 取其他值时为假.语句(7)是感叹句,语句(8)是疑问句,语句(9),(10)是祈使句.

一般地,我们把语句(1),(2),(3),(4)这样的能够确定真假、表示判断的陈述句叫作**命题**;把语句(5),(6)这样的在一定条件下能够确定真假、表示判断的陈述句叫作**条件命题**(也称为**开语句**).条件命题虽然不是命题,但它在数学中仍然到处可见,所以数学中出现的"命题"一词有时是指条件命题,希望读者在学习和使用的过程中仔细体会并加以区别.显而易见,语句(7),(8),(9),(10)都不是命题.

在逻辑学中,通常用大写字母 $P, Q, R, \cdots$ 表示命题,表示命题的符号称为命题标识符.例如,用 $P$ 表示命题"0 是自然数",用 $Q$ 表示命题"$2+5=11$",可记为如下形式

$$P: 0 \text{ 是自然数}, \quad Q: 2+5=11.$$

作为命题的陈述句表达的判断只有两种结果:正确和错误,我们称这种判断结果为命题的真值.真值只能取两个结果:**真**或**假**,但不能同时既为真又为假.真值为真的命题叫作**真命题**,真值为假的命题叫作**假命题**.真和假分别用"1"和"0"表示,有时也分别用符号"T"和"F"表示.

**练习**

1. 下列语句哪些是命题？哪些是条件命题？如果是命题,指出它们的真假.

(1) 正方形的四条边相等.

(2) 6 能被 2 整除.

(3) 负数的平方是正数.

(4) 请您不要说话！

(5) $\sqrt{2}$ 是无理数.

(6) 您去过北京吗?

(7) 空集是任何集合的真子集.

(8) $x=y$.

(9) 我们的生活多么美好啊!

## 2. 逻辑联结词

联结命题的词叫作**联结词**,联结词又称**逻辑联结词**或**真值联结词**. 在逻辑学中,联结词各用一个形式化的符号来表示,最基本的联结词有"非""且""或". 通常把不含联结词的命题称为**简单命题**,把含有联结词的命题称为**复合命题**,命题符号通过联结词符号按照一定的规则可构成复合命题.

**联结词:非**

先看以下命题.

$P$:3 是自然数,$Q$:3 不是自然数.

命题 $P$ 与 $Q$ 之间有什么关系呢? 容易看出,$Q$ 是 $P$ 的否定,当然,$P$ 也是 $Q$ 的否定.

**定义 1** 设 $P$ 是命题,$P$ 的否定是一个新命题,记作"$\overline{P}$"(或 $\neg P$),读作"非 $P$"(或"$P$ 的否定"),并且将 $\overline{P}$(或 $\neg P$)称为 $P$ 的**非运算**.

$\overline{P}$ 的真值与 $P$ 的真值相反,如表 1-1 所示. 在该表中列出了 $P$ 与 $\overline{P}$ 所有可能的取值,这种表称为**真值表**. $P$ 与 $\overline{P}$ 互为否定,则有 $\overline{\overline{P}} \Leftrightarrow P$. 符号"$\Leftrightarrow$"是表示两个命题等价的一种记法,在本节第四小节将加以详细介绍.

表 1-1 $\overline{P}$ 的真值

| $P$ | $\overline{P}$ |
| --- | --- |
| 1 | 0 |
| 0 | 1 |

否定"$\neg$"是一个一元联结词.

**【例 1】** 写出下列命题的否定,并确定其真假.

(1) $P$:$2+3=7$.

(2) $Q$:上海是中国的直辖市.

(3) $R$:雪是黑的.

(4) $S$:$4+5>13$.

**解** (1) $\overline{P}$：$2+3\neq 7$. 因为 $P$ 为假命题，所以 $\overline{P}$ 为真命题.

(2) $\overline{Q}$：上海不是中国的直辖市. 因为 $Q$ 为真命题，所以 $\overline{Q}$ 为假命题.

(3) $\overline{R}$：雪不是黑的. 因为 $R$ 为假命题，所以 $\overline{R}$ 为真命题.

(4) $\overline{S}$：$4+5\leqslant 13$. 因为 $S$ 为假命题，所以 $\overline{S}$ 为真命题.

**联结词：且**

**定义 2** 设 $P,Q$ 是两个命题，用"且"联结 $P,Q$ 得到一个与 $P$ 和 $Q$ 相关的新命题，记作"$P\wedge Q$"，读作"$P$ 且 $Q$". 我们将 $P\wedge Q$ 称为 $P$ 与 $Q$ 的**且运算**.

$P\wedge Q$ 的真值如表 1-2 所示. 从表中可知，只有当 $P$ 和 $Q$ 同时为真时，$P\wedge Q$ 才为真，否则 $P\wedge Q$ 为假.

表 1-2　$P\wedge Q$ 的真值

| $P$ | $Q$ | $P\wedge Q$ |
| --- | --- | --- |
| 1 | 1 | 1 |
| 1 | 0 | 0 |
| 0 | 1 | 0 |
| 0 | 0 | 0 |

**【例 2】** 将下列命题符号化，并指出其真假.

(1) 3 是奇数且大于 5；

(2) 牛顿既是数学家又是物理学家.

**解** (1) 令 $P$：3 是奇数，$Q$：3 大于 5，可符号化为 $P\wedge Q$：3 是奇数且大于 5. 因为 $P$ 是真命题，$Q$ 是假命题，所以由表 1-2 可知 $P\wedge Q$ 是假命题.

(2) 令 $P$：牛顿是数学家，$Q$：牛顿是物理学家，可符号化为 $P\wedge Q$：牛顿既是数学家又是物理学家. 因为 $P$ 是真命题，$Q$ 是真命题，所以由表 1-2 可知 $P\wedge Q$ 是真命题.

**联结词：或**

**定义 3** 设 $P,Q$ 是两个命题，用"或"联结 $P,Q$ 得到一个与 $P$ 和 $Q$ 相关的新命题，记作"$P\vee Q$"，读作"$P$ 或 $Q$". 我们将 $P\vee Q$ 称为 $P$ 与 $Q$ 的**或运算**.

$P\vee Q$ 的真值如表 1-3 所示. 从表中可知，当 $P$ 和 $Q$ 中至少有一个为真时，$P\vee Q$ 为真；当 $P$ 和 $Q$ 同时为假时，$P\vee Q$ 才为假.

表 1-3　$P \vee Q$ 的真值

| P | Q | $P \vee Q$ |
|---|---|---|
| 1 | 1 | 1 |
| 1 | 0 | 1 |
| 0 | 1 | 1 |
| 0 | 0 | 0 |

【例 3】将下列命题符号化,并指出其真假.

(1) 雪是黑的或郑州是中国河南省省会;

(2) 6 能被 3 整除或 6 是有理数.

**解** (1) 设 $P$:雪是黑的,$Q$:郑州是中国河南省省会,可符号化为 $P \vee Q$:雪是黑的或郑州是中国河南省省会. 因为 $P$ 是假命题,$Q$ 是真命题,所以由表 1-3 可知 $P \vee Q$ 是真命题.

(2) 设 $P$:6 能被 3 整除,$Q$:6 是有理数,可符号化为 $P \vee Q$:6 能被 3 整除或 6 是有理数. 因为 $P$ 是真命题,$Q$ 是真命题,所以由表 1-3 可知 $P \vee Q$ 是真命题.

练习

1. 已知简单命题 $P$:$2 > -1$,$Q$:3 是偶数,写出复合命题 $\overline{P}$,$\overline{Q}$,$P \wedge Q$,$P \vee Q$,并指出它们的真假.

### 3. 四种命题

在数学学习过程中,经常会遇到用联结词"如果……那么……"联结的复合命题. 例如,如果一个四边形是正方形,那么它的四条边相等. 这是一个复合命题,"一个四边形是正方形"是这个命题的条件(题设),"它的四条边相等"是这个命题的结论. 通过交换条件与结论、否定条件、否定结论等方式可以构造出一些新的复合命题. 本节主要讨论这些复合命题之间的关系.

命题 1:如果一个四边形是正方形,那么它的四条边相等.

命题 2:如果一个四边形的四条边相等,那么它是正方形.

命题 3:如果一个四边形不是正方形,那么它的四条边不相等.

命题 4:如果一个四边形的四条边不相等,那么它不是正方形.

不难看出，把命题1的条件与结论交换位置就得到了命题2，把命题2的条件与结论交换位置就得到了命题1，这样的两个命题叫作**互逆命题**. 如果把其中的一个命题叫作**原命题**，那么另一个命题就叫作原命题的**逆命题**. 同样，命题3与命题4也是互逆命题.

在命题1和命题3中，一个命题的条件和结论分别是另一个命题的条件的否定和结论的否定，这样的两个命题叫作**互否命题**. 如果把其中的一个命题叫作原命题，那么另一个命题就叫作原命题的**否命题**. 同样，命题2与命题4也是互否命题.

在命题1和命题4中，一个命题的条件和结论分别是另一个命题的结论的否定和条件的否定，这样的两个命题叫作**互为逆否命题**. 如果把其中的一个命题叫作原命题，那么另一个命题就叫作原命题的**逆否命题**. 命题2与命题3也是互为逆否命题.

总而言之，如果设命题1为原命题，那么命题2是命题1的逆命题，命题3是命题1的否命题，命题4是命题1的逆否命题.

一般地，用 $P$ 和 $Q$ 分别表示原命题的条件和结论，用 $\overline{P}$ 和 $\overline{Q}$ 分别表示 $P$ 和 $Q$ 的否定. 四种命题的形式如下：

**原命题**：如果 $P$, 那么 $Q$.

**逆命题**：如果 $Q$, 那么 $P$.

**否命题**：如果 $\neg P$, 那么 $\neg Q$.

**逆否命题**：如果 $\neg Q$, 那么 $\neg P$.

它们之间的关系如图1-5所示.

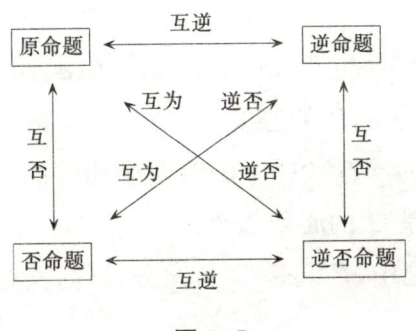

图 1-5

1. 设原命题为"如果一个数是负数，那么它的平方是正数". 写出它的逆命题、否命题和逆否命题，并判断这些命题的真假.

## 4. 充分条件与必要条件

上一小节讨论了"如果 $P$，那么 $Q$"形式的命题，其中有的命题为真，有的为假。"如果 $P$，那么 $Q$"为真，是指由 $P$ 经过推理可以得出 $Q$. 也就是说，如果 $P$ 成立，那么 $Q$ 一定成立。例如，"如果 $a=b$，那么 $a^2=b^2$"是一个真命题，这就是说"$a=b$"经过推理可以得出"$a^2=b^2$". 事实上，推理过程如下：

$$a=b,$$
$$a-b=0,$$
$$(a-b)(a+b)=0,$$
$$a^2-b^2=0,$$
$$a^2=b^2.$$

**定义 4** 如果 $P$ 成立，那么 $Q$ 成立。也就是说，命题"如果 $P$，那么 $Q$"为真，则称 $P$ 是 $Q$ 的**充分条件**，$Q$ 是 $P$ 的**必要条件**，记作"$P \Rightarrow Q$"或"$Q \Leftarrow P$"，读作"$P$ 推得 $Q$"或"$P$ 推出 $Q$".

需要注意的是，符号"$\Rightarrow$"表示"推得""推出""导致"等含义。

在上面的例子中，$a=b$ 是 $a^2=b^2$ 的充分条件，$a^2=b^2$ 是 $a=b$ 的必要条件。

【**例 4**】指出下列各组命题中，$P$ 是 $Q$ 的什么条件，$Q$ 是 $P$ 的什么条件。

(1) $P$：$x>0$，$Q$：$x^2>0$.

(2) $P$：$b^2-4ac=0$，$Q$：方程 $ax^2+bx+c=0(a\neq 0)$ 有两个相等的实根。

**解** (1) 因为 $x>0 \Rightarrow x^2>0$，所以 $P$ 是 $Q$ 的充分条件，$Q$ 是 $P$ 的必要条件。

(2) 因为 $b^2-4ac=0 \Rightarrow$ 方程 $ax^2+bx+c=0(a\neq 0)$ 有两个相等的实根，所以 $P$ 是 $Q$ 的充分条件，$Q$ 是 $P$ 的必要条件。

又因为方程 $ax^2+bx+c=0(a\neq 0)$ 有两个相等的实根 $\Rightarrow b^2-4ac=0$，所以 $Q$ 是 $P$ 的充分条件，$P$ 是 $Q$ 的必要条件。

在例 4 的第(2)小题中，$P$ 既是 $Q$ 的充分条件，又是 $Q$ 的必要条件。对此，有如下定义。

**定义 5** 如果 $P$ 既是 $Q$ 的充分条件，又是 $Q$ 的必要条件，那么称 $P$ 是 $Q$ 的充分必要条件，简称**充要条件**，记作"$P \Leftrightarrow Q$". 这时，也可说成是 $P$ 与 $Q$ 等价，还可说成是 $P$ 成立当且仅当 $Q$ 成立。

**【例 5】** 在下列命题中，$P$ 是 $Q$ 的什么条件？

(1) $P$：$x+1=0$，$Q$：$x^2-1=0$.

(2) $P$：$a \geqslant b$，$Q$：$a=b$.

(3) $P$：三角形的三边相等，$Q$：三角形的三角相等.

**解** (1) 因为 $x+1=0 \Rightarrow x^2-1=0$，但反之不然，所以 $P$ 是 $Q$ 的充分条件，但非必要条件.

(2) 因为 $a=b \Rightarrow a \geqslant b$，但反之不然，所以 $P$ 是 $Q$ 的必要条件，但非充分条件.

(3) 因为三角形的三边相等 $\Leftrightarrow$ 三角形的三角相等，所以 $P$ 是 $Q$ 的充要条件.

最后，四种命题之间的真值情况可表示为

"如果 $P$，那么 $Q$" $\Leftrightarrow$ "如果 $\overline{Q}$，那么 $\overline{P}$"；

"如果 $Q$，那么 $P$" $\Leftrightarrow$ "如果 $\overline{P}$，那么 $\overline{Q}$".

练习

1. 下列命题中，$P$ 是 $Q$ 的什么条件？

   (1) $P$：$x \in \mathbf{Z}$，$Q$：$x \in \mathbf{N}$.

   (2) $P$：$x=0 \wedge y=0$，$Q$：$x^2+y^2=0$.

   (3) $P$：三角形是等边三角形，$Q$：三角形的三个内角都是 $60°$.

   (4) $P$：$|a|=|b|$，$Q$：$a+b=0$.

## 5. 全称量词与特称量词

在数学中，把表示数量的词称为**量词**．常用的量词有全称量词与特称量词，下面来介绍这两种量词的数学符号及其使用技巧．

先来看下列一些形式的命题：

(1) 任意三角形的内角之和都等于 $180°$；

(2) 任何实数乘以 0 都等于 0；

(3) 每一个有理数都可以表示成分数的形式；

(4) 所有的正方形都是矩形．

这些命题的条件都包含"任意""任何""每一个""所有"之类的表示"整体"或"全部"含义的量词，这样的量词称为**全称量词**，用符号"$\forall$"表示．$\forall$ 是

any(德语 alle)的首写字母 a 的大写形式 A 上下翻转后得到的符号,表示"任意""所有"的意思. $\forall x$ 是指"任意的 $x$"或"所有的 $x$". 例如,语句"$\forall x \in \mathbf{R} \Rightarrow x^2 \geqslant 0$"表示"任何一个实数的平方都是非负的".

我们把这种含有全称量词的命题叫作**全称命题**. 有时全称量词也可以省略,如"正方形是矩形""四边形的内角之和等于 360°""实数的绝对值是非负数".

再来看下列一些形式的命题:

(1) 有些三角形不是直角三角形;

(2) 自然数集 $\mathbf{N}$ 中有一个元素是最小的;

(3) 至少存在一个实数 $x$,使得 $x+1>5$;

(4) 存在实数 $x$,使得 $x^2-2x+1=0$.

以上命题包含"有些""有一个""至少存在一个""存在"这样的表示"有"或"存在"意思的量词,我们把表示"有"或"存在"含义的量词称为**存在量词**(有时也称为特称量词),用符号"∃"表示. ∃ 是 exist 的首写字母 e 的大写形式 E 左右翻转而来,表示"存在"的意思. ∃$x$ 表示"存在 $x$",很少单独使用,一般要在后面加上条件. 例如,"∃$x \in \mathbf{R}$ 使得 $x^2-2x+1=0$". 我们把含有存在量词的命题称为**特称命题**.

【例 6】下列命题中哪些是全称命题？哪些是特称命题？

(1) 分数都是有理数;

(2) 有一个实数不能作除数;

(3) 至少有一个实数 $x$,使得 $x^2-2=0$.

**解** (1) "分数都是有理数"是指"所有的分数都是有理数",所以它是全称命题.

(2) "有一个实数不能作除数"包含存在量词"有一个",所以它是特称命题.

(3) "至少有一个实数 $x$,使得 $x^2-2=0$"包含存在量词"至少有一个",所以它是特称命题.

练习

1. 判断下列命题是全称命题还是特称命题.

(1) 所有偶数的个位数都能被 2 整除;

(2) 正方形的四边相等；

(3) 至少有一个素数不是奇数；

(4) 方程 $x^2-3x+2=0$ 的两个解都是实数；

(5) 有些一元二次方程没有实数解；

(6) $\exists x$，使得 $x^2 \geq 0$；

(7) $\forall x \in \mathbf{R}$，都有 $x^2 \geq 0$；

(8) 至少有一个实数，它与 3 的和等于 9.

习题 1.2

1. 下列语句哪些是命题？哪些是条件命题？如果是命题，指出它是简单命题还是复合命题，并且判断命题的真假.

(1) 中南大学在长沙.

(2) 5 是质数.

(3) 中国人民既勤劳又勇敢.

(4) 1000 不是 2 的倍数.

(5) $x < 0$.

(6) $\{1\}$ 是 $\{1,2\}$ 的真子集.

(7) 矩形是特殊的正方形.

(8) 今天天气真好啊！

(9) 如果雪是黑的，那么太阳从西边出来了.

(10) 你会操作电脑吗？

2. 下列命题中，$P$ 是 $Q$ 的充分条件、必要条件还是充要条件？

(1) $P$：四边形是矩形，$Q$：四边形是平行四边形.

(2) $P$：三角形的两个内角互余，$Q$：三角形是直角三角形.

(3) $P$：$x^2-y^2=0$，$Q$：$|x|=|y|$ $(x,y \in \mathbf{R})$.

(4) $P$：三角形的两个内角相等，$Q$：三角形是等腰三角形.

## 名词索引

集合 set (1)　　　　　　　　　　元素 element (1)

自然数集 set of natural numbers (1)　　整数集 set of integers (1)

有理数集 set of rational numbers (1)　　实数集 set of real numbers (1)

属于 belong to (2)　　　　　　　不属于 not belong to (2)

有限集 finite set (2)　　　　　　无限集 infinite set (2)

空集 empty set (2)　　　　　　　列举法 enumeration method (2)

描述法 description method (2)　　单元素集 single-element set (4)

子集 subset (4)　　　　　　　　扩集 expansion set (4)

真子集 proper subset (4)　　　　韦恩图 Venn diagram (5)

交集 intersection (6)　　　　　　并集 union (7)

补集 complement (8)　　　　　　全集 universal set (8)

命题 proposition (10)　　　　　　非 non (12)

且 and (13)　　　　　　　　　　或 or (13)

原命题 original proposition (15)　　逆命题 converse proposition (15)

否命题 no proposition (15)　　　逆否命题 inverse negative propositions (15)

充分条件 sufficient condition (16)　必要条件 requirement (16)

## 数学符号

$A, B, C, \cdots$　　大写英文字母,集合论中表示集合的符号.几何学中表示点.

$a, b, c, \cdots$　　小写英文字母,集合论中表示集合的元素的符号.代数学中表示常数.

**N**　自然数集的标记,**N** 来自英文名称 natural number 的首写字母.

**Z**　整数集的标记,**Z** 来自德语单词 zahl(数)的首写字母.

**R**　实数集的标记,**R** 来自 real number 的首写字母.已先于有理数(rational number)集使用 **R** 了.

**Q**　有理数集的标记,是 **R** 的前一个字母,也是商(quotient)的英文名称的首写字母.

$\in$　属于,表示集合与元素之间关系的符号.如 $3 \in \{1,3\}$ 表示 3 是 $\{1,3\}$ 的元素.

$\notin$　不属于,表示集合与元素之间关系的符号.如 $-1 \notin \mathbf{N}$ 表示 $-1$ 不是自然数集 **N** 的元素.

$\{|\}$　表示集合的一个符号,$\{x \mid p(x)\}$ 表示具有性质 $p$ 的元素 $x$ 组成的集合.

$\subset$　真包含于,表示集合与集合之间关系的符号.如 $\mathbf{N} \subset \mathbf{Z}, \mathbf{Z} \subset \mathbf{Q} \subset \mathbf{R}$ 等.

$\supset$　真包含,表示集合与集合之间关系的符号.如 **N** 与 **Z** 的关系也可表示为 $\mathbf{Z} \supset \mathbf{N}$.

⊆ 包含于,表示集合与集合之间关系的符号. $A⊆B$ 表示凡 $A$ 的元素都是 $B$ 的元素.

⊇ 包含,表示集合与集合之间关系的符号.如若 $A⊆B$,也可以表示为 $B⊇A$.

∅ 欧,空集的符号. $Φ$ 读作"phi"是希腊字母,长胖了的 $Φ$ 变成 $∅$,读法也变了.

π 圆周率的符号,读作"pi". 圆周率是圆周长与直径之比.

∩ 交,集合论中的交运算符,其英文名称是 intersection.

∪ 并,集合论中的并运算符, ∪ 来自合并(union)的英语单词的首写字母.

∁ 补,集合论中的补运算符, $∁_U A$ 表示补,读作"$A$ 在 $U$ 中的补集".

$P, Q, R, \cdots$ 大写英文字母,逻辑学中用来表示命题的符号,也称为命题标识符.

¬ 非,一元逻辑联结词,逻辑学中 ¬$P$(或 $\overline{P}$)表示 $P$ 的非运算.

∧ 且,二元逻辑联结词, ∧ 表示"并且(and)"的意思,逻辑学中的且运算.

∨ 或,二元逻辑联结词, ∨ 表示"或者(or)"的意思,逻辑学中的或运算.

⇒ 推得,逻辑学中 $P⇒Q$ 表示"$P$ 推得 $Q$",如果 $P$ 成立,那么一定有 $Q$ 成立.

⇔ 等价, $P⇔Q$ 表示 $P$ 是 $Q$ 的充分且必要条件,符号 ⇔ 是充要条件的"替身".

∀ 任意, ∀ 是 any 的首写字母 a 的大写形式 A 上下翻转而来,带有"任意的、所有的"意思.

∃ 存在, ∃ 是 exist 的首写字母 e 的大写形式 E 左右翻转而来,表示"存在"的意思.

## 常用公式

$∅ ⊆ A$

$A ⊆ B ∧ B ⊆ C ⇒ A ⊆ C$

$A ∩ B = \{x | x ∈ A ∧ x ∈ B\}$

$A ∩ A = A$

$A ∩ B ⊆ A$

$A ∩ (B ∩ C) = (A ∩ B) ∩ C = A ∩ B ∩ C$

$A ∪ A = A$

$A ∪ B = B ∪ A$

$B ⊆ A ∪ B$

$A ∩ (B ∪ C) = (A ∩ B) ∪ (A ∩ C)$

$∁_U A = \{x | x ∈ U ∧ x ∉ A\}$

$∁_U (A ∩ B) = ∁_U A ∪ ∁_U B$

$A ⊆ A$

$A ⊂ B ∧ B ⊂ C ⇒ A ⊂ C$

$A ∩ ∅ = ∅ ∩ A = ∅$

$A ∩ B = B ∩ A$

$A ∩ B ⊆ B$

$A ∪ B = \{x | x ∈ A ∨ x ∈ B\}$

$A ∪ ∅ = ∅ ∪ A = A$

$A ⊆ A ∪ B$

$A ∪ (B ∪ C) = (A ∪ B) ∪ C = A ∪ B ∪ C$

$A ∪ (B ∩ C) = (A ∪ B) ∩ (A ∪ C)$

$∁_U (∁_U A) = A$

$∁_U (A ∪ B) = ∁_U A ∩ ∁_U B$

# 复习题 A

1. 选择题：

    (1) 下列能构成集合的是(　　).

    　　A. 某班漂亮的学生组成的整体

    　　B. 某图书馆有趣的藏书组成的整体

    　　C. 小于 5 的自然数组成的整体

    　　D. 某班个子比较高的学生组成的整体

    (2) 自然数集用(　　)表示.

    　　A. **N** 　　　　B. **Z** 　　　　C. **Q** 　　　　D. **R**

    (3) 整数集用(　　)表示.

    　　A. **N** 　　　　B. **Z** 　　　　C. **Q** 　　　　D. **R**

    (4) 大写字母 **Q** 表示(　　).

    　　A. 自然数集　　B. 整数集　　C. 有理数集　　D. 实数集

    (5) 大写字母 **R** 表示(　　).

    　　A. 自然数集　　B. 整数集　　C. 有理数集　　D. 实数集

    (6) 设集合 $A=\{1,3,5,7,9\}$, $B=\{2,4,6,8,10\}$, 则 $A\cap B=$(　　).

    　　A. $\{1,3,5,7,9\}$ 　　　　　　B. $\{2,4,6,8,10\}$

    　　C. $\varnothing$ 　　　　　　　　　　D. $\{1,2,3,4,5,6,7,8,9,10\}$

    (7) 设集合 $A=\{1,3,5,7,9\}$, $B=\{2,4,6,8,10\}$, 则 $A\cup B=$(　　).

    　　A. $\{1,3,5,7,9\}$ 　　　　　　B. $\{2,4,6,8,10\}$

    　　C. $\varnothing$ 　　　　　　　　　　D. $\{1,2,3,4,5,6,7,8,9,10\}$

    (8) 设全集 $U=\mathbf{R}$, $A=\{$无理数$\}$, 则 $\complement_U A=$(　　).

    　　A. **N** 　　　　B. **Z** 　　　　C. **Q** 　　　　D. **R**

    (9) 设集合 $A=\{x\mid x>0\}$, 则下列关系中正确的是(　　).

    　　A. $\{1\}\subseteq A$ 　　B. $\{0\}\in A$ 　　C. $0\subseteq A$ 　　D. $\varnothing\in A$

    (10) 如果 $P$:三角形三条边相等, $Q$:三角形是等边三角形, 那么 $P$ 是 $Q$ 的(　　)条件.

    　　A. 充分 　　　　　　　　　　B. 必要

    　　C. 充要 　　　　　　　　　　D. 以上结论都不正确

2. 判断题：

(1) 0 不是自然数. （　）

(2) $3+2 \geqslant 4$. （　）

(3) $\sqrt{2}$ 是无理数或雪是黑的. （　）

(4) 3.14 是无理数且 0 不是整数. （　）

(5) 空集是任何集合的真子集. （　）

(6) 原命题与逆否命题同真同假. （　）

(7) 逆命题与否命题同真同假. （　）

(8) "∀"表示存在、有一些. （　）

(9) "∃"表示任意、所有. （　）

(10) "你长得好漂亮啊！"是命题. （　）

3. 填空题：

(1) 用符号"∈""∉"填空：

　0 ____ **Z**, π ____ **Q**, $\sqrt{3}$ ____ **R**, $-1$ ____ **N**, $a$ ____ $\{a,b,c\}$.

(2) 用符号"⊆""⊇""="填空：

　$\{0\}$ ____ $\varnothing$, $\{a\}$ ____ $\{a,b,c\}$, $\{1\}$ ____ $\{x \mid x^2-1=0\}$,

　$\{2,-5\}$ ____ $\{x \mid x^2+3x-10=0\}$, **N** ____ **Z**, **Q** ____ **N**.

(3) 如果 $P: x>0, Q: x^2>0$, 那么 $P$ 是 $Q$ 的 ____ 条件, $Q$ 是 $P$ 的 ____ 条件(填充分、必要或充要).

(4) 设命题 $P$: 3.14 是无理数, $Q$: $\sqrt{2}$ 是无理数, 那么命题 $P \wedge Q$ 的真值为 ____, $P \vee Q$ 的真值为 ____.

4. 写出集合 $A=\{a,b,c\}$ 的所有子集.

5. 设全集 $U=\{1,2,3,4,5,6,7,8,9,10\}, A=\{1,3,4,6,7,10\}, B=\{2,4,5,6,8,9\}$, 求 $A \cap B, A \cup B, \complement_U A, \complement_U B$.

6. 设全集 $U=\mathbf{R}, A=\{x \mid -1<x \leqslant 4\}, B=\{x \mid x>2\}$, 求 $A \cap B, A \cup B, \complement_U A, \complement_U B$.

## 复 习 题 B

1. 选择题：

   (1) 设 $A=\{x|x\leqslant 0\}$，则下列关系中正确的是（　　）.
   
   A. $\{0\}\in A$　　B. $0\subset A$　　C. $\varnothing \in A$　　D. $\{0\}\subseteq A$

   (2) 设集合 $B=\{x|x\geqslant -1\}$，$b=1$，则下列关系正确的是（　　）.
   
   A. $\{b\}\subset B$　　B. $b\notin B$　　C. $\{b\}\in B$　　D. $b\subseteq B$

   (3) 下列说法正确的是（　　）.
   
   A. 任何集合都可以用列举法表示
   
   B. $x+1>3$ 是 $x>3$ 的充分条件
   
   C. 原命题与否命题同真同假
   
   D. 任何一个命题不真便假

   (4) 下列命题为真命题的是（　　）.
   
   A. $\sqrt{2}\geqslant 1.414$
   
   B. 若 $a\in \mathbf{Z}, b\in \mathbf{Z}$，则 $a+b\in \mathbf{N}^+$
   
   C. 等腰三角形的面积都相等
   
   D. 集合 $\{a,b\}$ 的真子集只有 2 个

   (5) 下列命题中正确的是（　　）.
   
   A. $x>y$ 是 $x^2>y^2$ 的充分条件　　B. $x>y$ 是 $x^2>y^2$ 的必要条件
   
   C. $x>y$ 是 $x^2>y^2$ 的充要条件　　D. 以上结论都不正确

2. 判断题：

   (1) 空集是任意集合 $A$ 的子集.　　　　　　　　　　　　　　（　　）
   
   (2) $0=\varnothing$.　　　　　　　　　　　　　　　　　　　　　（　　）
   
   (3) $\{0\}\in \{0,1,2,3\}$.　　　　　　　　　　　　　　　　　（　　）
   
   (4) $\{1,3,5\}=\{3,1,5\}$.　　　　　　　　　　　　　　　　　（　　）
   
   (5) $A\subseteq B$ 是 $A\cap B=A$ 的充要条件.　　　　　　　　　　（　　）
   
   (6) 设 $U=\mathbf{R}$，$A=\{$无理数$\}$，则 $\complement_U A=\{$有理数$\}$.　　（　　）
   
   (7) 某班漂亮的学生组成一个集合.　　　　　　　　　　　　　（　　）
   
   (8) $A\cup(B\cap C)=(A\cup B)\cap(A\cup C)$.　　　　　　　　　（　　）

3. 填空题：

(选用数学符号"∈""∉""⊆""⊇""＝""⊂""⊃"之一填空)

(1) 0 _____ **N**；　　　　　　(2) $1\dfrac{2}{3}$ _____ **Q**；

(3) $-3$ _____ **Z**；　　　　　　(4) $\pi$ _____ **Q**；

(5) 3.14 _____ **R**；　　　　　　(6) $(\sqrt{2})^2$ _____ **N**；

(7) $\varnothing$ _____ $A$；　　　　　　(8) $\{a,b,c\}$ _____ $\{b,a\}$；

(9) $\{x|x^2+x-2=0\}$ _____ $\{1,-2\}$；(10) **Z** _____ **N**.

4. 用列举法表示下列集合：

　(1) $A=\{x|x^2=1\}$；

　(2) $B=\{x|x^2+3x-10=0\}$；

　(3) $C=\{x|x\geqslant -1\text{ 且 }x<6,x\in \mathbf{Z}\}$；

　(4) $D=\{(x,y)|2x-y=1\text{ 且 }x+y=-4\}$.

5. 将下列集合用另一种方法表示：

　(1) $A=\{1,3,5,7\}$；

　(2) $B=\{x|x^2-2x-3=0\}$；

　(3) $C=\{k|k=2n+1,n\in \mathbf{N}\}$；

　(4) $D=\{-2,2\}$.

6. 设全集 $U=\mathbf{R}$, $A=\{x|x\leqslant 3\}$, $B=\{x|-5\leqslant x\leqslant 1\}$, 求：

　(1) $A\cap B$；　　　　　　(2) $A\cup B$；

　(3) $\complement_U A$；　　　　　　(4) $A\cup (\complement_U A)$, $A\cap (\complement_U A)$.

7. 设集合 $A=\{1,3,6,8,9\}$, $B=\{0,1,2,4,5,7\}$, $C=\{3,4,7\}$, 求：

　(1) $A\cap B$；　　　　　　(2) $A\cup C$；

　(3) $A\cup (B\cap C)$；　　　　(4) $(A\cup B)\cap (A\cup C)$；

　(5) $A\cap (B\cap C)$；　　　　(6) $(A\cap B)\cap C$；

　(7) $A\cap (B\cup C)$；　　　　(8) $(A\cap B)\cup (A\cap C)$.

8. 将下列命题符号化，并指出其真假：

　(1) 王安石既是政治家又是诗人；

　(2) 如果 $\sqrt{2}$ 是有理数，那么 $1<0$.

9. 写出集合 $A=\{a,b,c,d\}$ 的所有子集，并指出其中哪些是真子集.

# 第2章　坐标系与一元不等式

在数学中,通常用一条直线上的点表示实数,这条直线就是数轴. 在平面内画两条互相垂直的数轴组成的图形就是平面直角坐标系,平面内的点可以用一个有序实数对来表示. 不等式是反映现实世界中各种各样复杂关系的最基本的形式之一. 本章学习的主要内容是实数、数轴、区间、平面直角坐标系、一元不等式等.

## §2.1　实数、数轴、区间

### 1. 实数与数轴

**实数**

**有理数**和**无理数**统称为**实数**.

我们学过的实数可以按照下面的方法分类:

$$实数\begin{cases}有理数:有限小数或无限循环小数\\无理数:无限不循环小数\end{cases}$$

例如,$0, -1, -\dfrac{3}{5}=-0.6, \dfrac{9}{11}=0.\dot{8}\dot{1}, \dfrac{11}{90}=0.1\dot{2}, \dfrac{5}{9}=0.\dot{5}$ 都是有理数;$\sqrt{2},\sqrt{3},\sqrt{5},\sqrt{7},\pi$ 都是无理数.

实数也可以按照另一种方法分类:

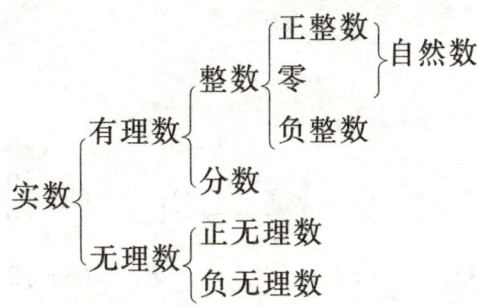

### 数轴

规定了原点、正方向和单位长度的直线叫作**数轴**.

(1) 在直线上任取一个点表示数 0,这个点叫作**原点**.

(2) 通常规定直线上从原点向右(或向上)为正方向,从原点向左(或向下)为负方向.

(3) 选取适当的长度为单位长度,直线上从原点向右,每隔一个单位长度取一个点,依次表示 1,2,3,…;从原点向左,用类似的方法依次表示 $-1$,$-2$,$-3$,…. 如图 2-1 所示.

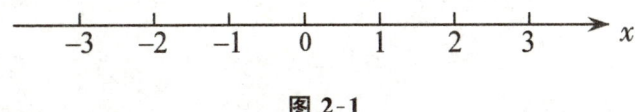

图 2-1

实数与数轴上的点是一一对应的,即每一个实数都可以用数轴上的一个点来表示;反过来,数轴上的每一个点都表示一个实数. 这个实数通常说成是点的坐标,记作 $x$. 对于数轴上的任意两个点,右边的点表示的实数总比左边的点表示的实数大.

数轴上任意两点 $A$,$B$ 间的距离是指右边的点表示的实数减去左边的点表示的实数,记作 $|AB|$ 或 $|BA|$. 如图 2-2 所示,$|AB| = 3 - (-3) = 6$.

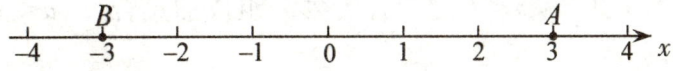

图 2-2

一般地,数轴上表示数 $a$ 的点与原点的距离叫作数 $a$ 的**绝对值**,记作 $|a|$.

(1) 如果 $a > 0$,那么 $|a| = a$;

(2) 如果 $a = 0$,那么 $|a| = 0$;

(3) 如果 $a < 0$,那么 $|a| = -a$.

在图 2-2 中,点 $A$,$B$ 到原点的距离都是 3 个单位长度,所以 $|3| = 3$,$|-3| = 3$.

1. 用数学符号"∈"或"∉"填空：

   (1) 0 _____ **N**；　　(2) $\dfrac{1}{2}$ _____ **Q**；　　(3) $\dfrac{101}{9}$ _____ **R**；

   (4) π _____ **Q**；　　(5) $-3$ _____ **Z**；　　(6) $\sqrt{2}$ _____ **Q**；

   (7) $-\sqrt{9}$ _____ **Z**.

2. 如图 2-3 所示，写出数轴上点 $A,B,C,D$ 表示的数，并求 $|AB|$，$|BC|$，$|DC|$.

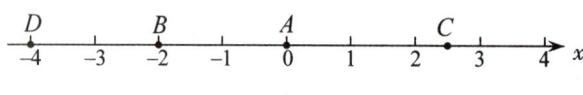

**图 2-3**

3. 画出数轴并大致表示下列实数：

   $0,\ -\dfrac{1}{3},\ 1.5,\ -3,\ \sqrt{2},\ \pi.$

## 2. 区间

**区间**

介于两个实数之间的所有实数组成的集合叫作 区间，这两个实数叫作区间的 端点.

设 $a,b$ 为任意两个实数，且 $a<b$，规定：

(1) 满足不等式 $a\leqslant x\leqslant b$ 的所有实数 $x$ 组成的集合 $\{x|a\leqslant x\leqslant b\}$ 叫作 闭区间，记作 $[a,b]$；

(2) 满足不等式 $a<x<b$ 的所有实数 $x$ 组成的集合 $\{x|a<x<b\}$ 叫作 开区间，记作 $(a,b)$；

(3) 满足不等式 $a\leqslant x<b$ 的所有实数 $x$ 组成的集合 $\{x|a\leqslant x<b\}$ 叫作 左闭右开区间，记作 $[a,b)$；

(4) 满足不等式 $a<x\leqslant b$ 的所有实数 $x$ 组成的集合 $\{x|a<x\leqslant b\}$ 叫作 左开右闭区间，记作 $(a,b]$.

区间 $[a,b)$ 和 $(a,b]$ 也被称为 半开半闭区间.

以上区间统称为 有限区间，其长度为 $d=b-a$.

区间 $[a,b],(a,b),[a,b),(a,b]$ 在数轴上的表示，如图 2-4 所示.

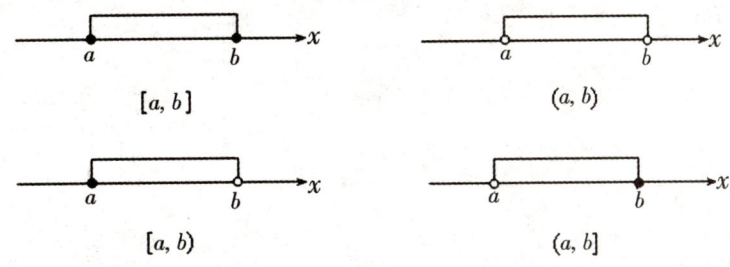

图 2-4

在图 2-4 中，区间闭的一端用实心点表示，开的一端用空心点表示．

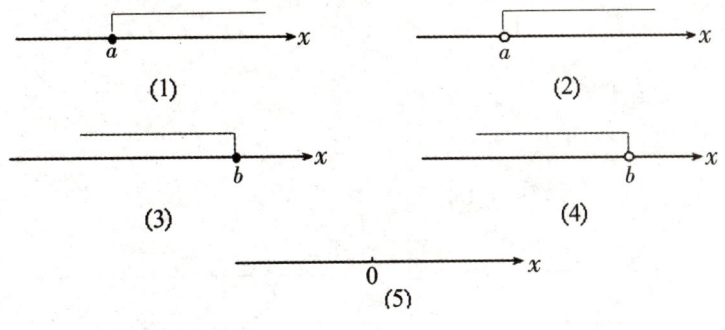

图 2-5

关于**无限区间**，规定如下：

（1）满足不等式 $x \geqslant a$ 的所有实数 $x$ 组成的集合 $\{x|x \geqslant a\}$，记为 $[a,+\infty)$，在数轴上的表示如图 2-5(1)所示；

（2）满足不等式 $x>a$ 的所有实数 $x$ 组成的集合 $\{x|x>a\}$，记为 $(a,+\infty)$，在数轴上的表示如图 2-5(2)所示；

（3）满足不等式 $x \leqslant b$ 的所有实数 $x$ 组成的集合 $\{x|x \leqslant b\}$，记为 $(-\infty,b]$，在数轴上的表示如图 2-5(3)所示；

（4）满足不等式 $x<b$ 的所有实数 $x$ 组成的集合 $\{x|x<b\}$，记为 $(-\infty,b)$，在数轴上的表示如图 2-5(4)所示；

（5）实数集 **R** 记为 $(-\infty,+\infty)$，在数轴上的表示如图 2-5(5)所示．

符号"$\infty$"读作"无穷大"，符号"$+\infty$"读作"正无穷大"，符号"$-\infty$"读作"负无穷大"．任何实数都小于 $+\infty$，任何实数都大于 $-\infty$．

【**例 1**】用区间表示下列不等式的解集：

(1) $1<x<3$；　　(2) $2 \leqslant x \leqslant 4$；　　(3) $-2<x \leqslant 2$；

(4) $x<\dfrac{1}{2}$；　　(5) $x \geqslant 5$．

**解** (1) $(1,3)$；　　(2) $[2,4]$；　　(3) $(-2,2]$；

(4) $\left(-\infty,\dfrac{1}{2}\right)$；　(5) $[5,+\infty)$.

**【例 2】** 用集合描述法表示下列区间：

(1) $[0,5)$；　　(2) $[-1,1]$；　　(3) $(-\infty,-2]$；

(4) $\left(-\infty,\dfrac{1}{2}\right)$；　(5) $(6,+\infty)$.

**解** (1) $\{x\mid 0\leqslant x<5\}$；　　　　(2) $\{x\mid -1\leqslant x\leqslant 1\}$；

(3) $\{x\mid x\leqslant -2\}$；　(4) $\left\{x\mid x<\dfrac{1}{2}\right\}$；　(5) $\{x\mid x>6\}$.

**【例 3】** 在数轴上表示下列区间：

(1) $(-1,1)$；　　(2) $[0,3)$；　　(3) $(2,+\infty)$；　　(4) $(-\infty,5]$.

**解** 题中各区间在数轴上的表示，如图 2-6 所示.

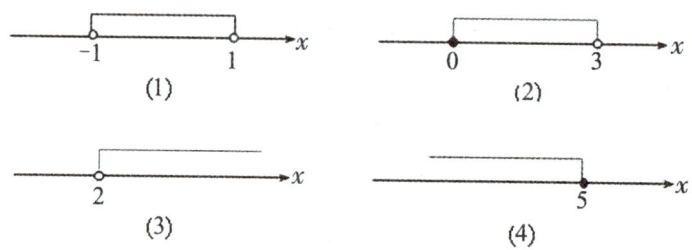

图 2-6

**练习**

1. 用区间表示下列不等式的解集，并在数轴上表示出来：

(1) $-2<x<4$；　　(2) $-3\leqslant x\leqslant 2$；　　(3) $1<x\leqslant 4$；

(4) $-2\leqslant x<3$；　　(5) $x>3$；　　(6) $x\leqslant 6$.

2. 用集合描述法表示下列区间，并在数轴上表示出来：

(1) $[-1,2]$；　　(2) $[0,6]$；　　(3) $[0,+\infty)$；

(4) $(-\infty,-1)$.

## 习题 2.1

1. 判断下列说法是否正确：

(1) 无限小数都是无理数；

(2) 无理数都是无限小数；

(3) 所有的实数都可以用数轴上的点来表示，反之，数轴上的点都表示数．

2. 请问：有没有最小的正整数？有没有最小的整数？有没有最小的正数？有没有最小的自然数？有没有最小的有理数？有没有最小的实数？

3. 将下列数分别填在图 2-7 相应的集合中：

$$\frac{23}{7}, \pi, \sqrt{7}, -6, \sqrt[3]{2}, 0, 0.1, \frac{\pi}{2}.$$

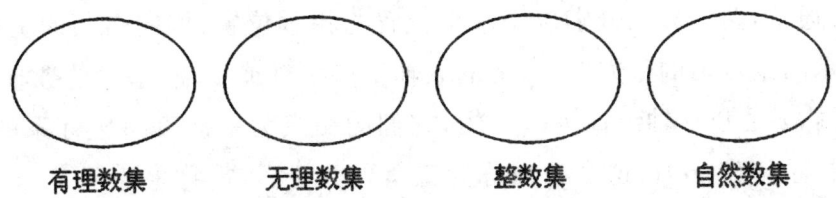

**有理数集**　　　**无理数集**　　　**整数集**　　　**自然数集**

图 2-7

4. 用区间表示下列不等式的解集，并在数轴上表示出来：

(1) $-4 \leqslant x \leqslant 1$；　　(2) $-3 < x < 5$；　　(3) $0 \leqslant x < 6$；

(4) $-1 < x \leqslant 2$；　　(5) $x > -7$；　　(6) $x \leqslant 8$；

(7) $x \geqslant 4$；　　(8) $x < 5$.

5. 在数轴上大致表示下列各数：

$$5, -3, 4.5, 0, \frac{4}{3}, -\frac{5}{2}, 0.25, -\sqrt{2}, -\pi.$$

6. 将下列各数按从小到大的顺序排列，并用"<"号连接起来：

$$-1.25, 2.35, -0.45, 0, -\frac{3}{4}, -\frac{4}{3}, 0.05, \sqrt{3}, \pi.$$

7. 已知集合 $A = \{x \mid -4 \leqslant x \leqslant 1\}, B = \{x \mid x \leqslant 2\}$，求 $A \cap B, A \cup B$（用区间表示），并在数轴上表示出来．

## §2.2 平面直角坐标系

### 1. 平面直角坐标系的概念

在同一个平面内,两条互相垂直且原点重合的数轴,就构成了**平面直角坐标系**.通常,两条数轴分别位于水平位置与铅垂位置,取向右与向上的方向分别表示两条数轴的正方向.水平的数轴叫作 $x$ **轴**或**横轴**,垂直的数轴叫作 $y$ **轴**或**纵轴**,$x$ 轴和 $y$ 轴统称为**坐标轴**,它们的交点为平面直角坐标系的**原点**.这个坐标系记作 $xOy$,这个平面称为**直角坐标平面**,简称**坐标平面**.$x$ 轴和 $y$ 轴把坐标平面分成Ⅰ、Ⅱ、Ⅲ、Ⅳ四个部分,如图 2-8 所示.右上面的部分叫作**第一象限**,其他三个部分按逆时针依次分别叫作**第二象限**、**第三象限**和**第四象限**.象限以数轴为界,坐标轴上的点及原点不属于任何象限.一般情况下,$x$ 轴和 $y$ 轴取相同的单位长度.

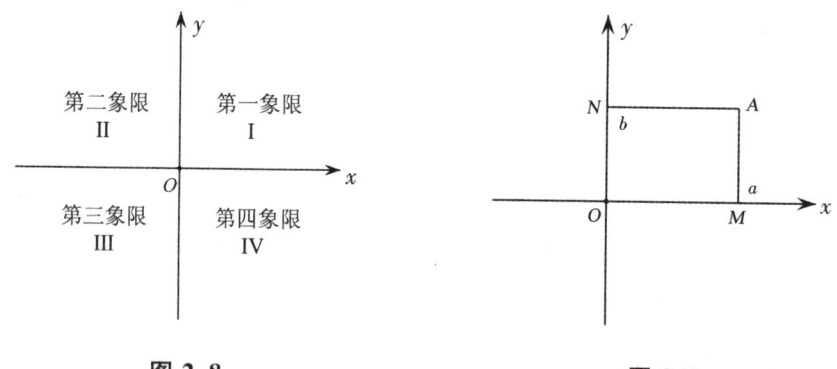

图 2-8　　　　　　　　图 2-9

在平面直角坐标系中,平面上的任何一点都可以用一个有序实数对来表示.如图 2-9 所示,对于平面上任意一点 $A$,过点 $A$ 分别向 $x$ 轴和 $y$ 轴作垂线,垂足在 $x$ 轴和 $y$ 轴上的对应点 $M,N$ 所表示的实数 $a,b$ 分别叫作点 $A$ 的**横坐标**、**纵坐标**.有序实数对 $(a,b)$ 就叫作点 $A$ 的**坐标**,记作 $A(a,b)$.反之,对于任意一个**有序实数对** $(a,b)$,我们都可以在坐标平面内确定它所表示的一个点,即坐标平面内的点与有序实数对是一一对应的.

$x$ 轴上的点其纵坐标为 $0$,$y$ 轴上的点其横坐标为 $0$;第一、三象限角平分线上的点其纵、横坐标相等;第二、四象限角平分线上的点其纵、横坐标互为相反数.

【例 1】在平面直角坐标系中描出下列各点：

$A(1,2), B(-2,2), C(-3,-2), D(3,-1), E(-2.5,0)$.

**解** 如图 2-10 所示，首先在 $x$ 轴上找出表示 1 的点，再在 $y$ 轴上找出表示 2 的点，过这两个点分别作 $x$ 轴和 $y$ 轴的垂线，垂线的交点就是点 $A$. 类似地可描出点 $B,C,D,E$.

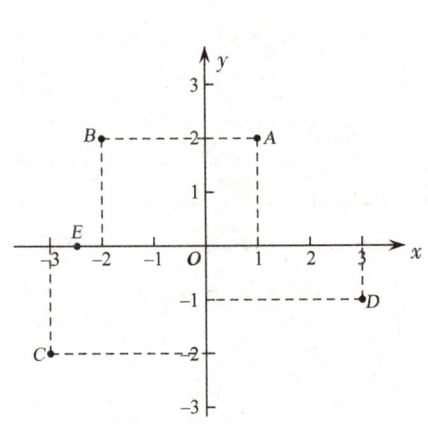

图 2-10

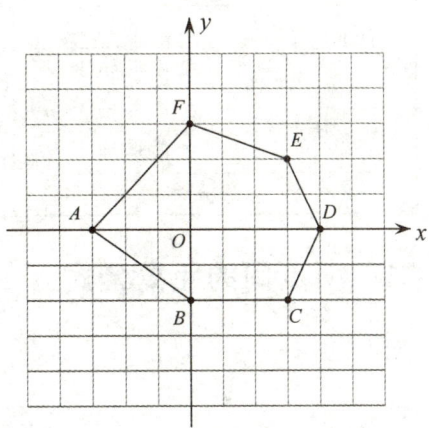

图 2-11

【例 2】如图 2-11 所示，$ABCDEF$ 是一个多边形.

（1）写出各顶点的坐标；

（2）写出点 $D,E,F$ 分别关于 $x$ 轴、$y$ 轴、原点对称的点的坐标.

**解** （1）各顶点的坐标分别为 $A(-3,0), B(0,-2), C(3,-2), D(4,0), E(3,2), F(0,3)$.

（2）点 $D$ 分别关于 $x$ 轴、$y$ 轴、原点对称的点的坐标依次为 $(4,0),(-4,0),(-4,0)$；点 $E$ 分别关于 $x$ 轴、$y$ 轴、原点对称的点的坐标依次为 $(3,-2),(-3,2),(-3,-2)$；点 $F$ 分别关于 $x$ 轴、$y$ 轴、原点对称的点的坐标依次为 $(0,-3),(0,3),(0,-3)$.

一般地，点 $(x,y)$ 分别关于 $x$ 轴、$y$ 轴、原点对称的点的坐标依次为 $(x,-y),(-x,y),(-x,-y)$.

 练习

1. 在平面直角坐标系中描出下列各点，并写出点 $A,B$ 分别关于 $x$ 轴、$y$ 轴、原点对称的点的坐标.

$A(-4,-3)$, $B(2,0)$, $C(-5,2)$, $D(3.5,-1)$, $E(0,3)$, $F(3,4)$.

2. 根据点所在的位置,用"+""-"或"0"填写表格.

| 点的位置 | | 横坐标符号 | 纵坐标符号 |
|---|---|---|---|
| 第一象限 | | | |
| 第二象限 | | | |
| 第三象限 | | | |
| 第四象限 | | | |
| 在 $x$ 轴上 | 在正半轴上 | | |
| | 在负半轴上 | | |
| 在 $y$ 轴上 | 在正半轴上 | | |
| | 在负半轴上 | | |
| 原点 | | | |

## 2. 两点间的距离公式

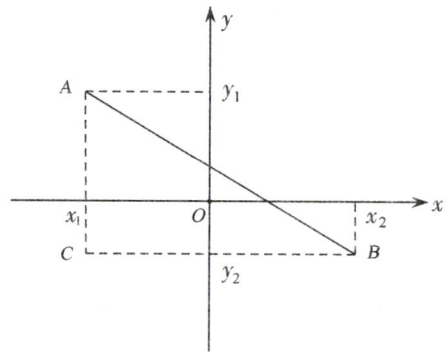

图 2-12

如图 2-12 所示,设 $A(x_1,y_1)$, $B(x_2,y_2)$ 是直角坐标平面内的任意两点,下面来求 $A,B$ 两点间的距离 $|AB|$.

过点 $A,B$ 分别作 $x,y$ 轴的垂线,垂线延长相交于点 $C$, $C$ 的坐标为 $(x_1,y_2)$,则

$$|AC|=|y_2-y_1|, \quad |BC|=|x_2-x_1|.$$

在直角三角形 $ABC$ 中,由勾股定理可得

$$|AB|^2=|AC|^2+|BC|^2=(y_2-y_1)^2+(x_2-x_1)^2,$$

所以

$$|AB|=\sqrt{(x_2-x_1)^2+(y_2-y_1)^2}. \tag{1}$$

这就是平面上两点 $A(x_1,y_1)$, $B(x_2,y_2)$ 间的 距离公式. 无论 $A,B$ 两点位

于坐标平面的什么位置,这一公式都是成立的.

特别地,如果 $y_1=y_2$,这时线段 $AB$ 平行于 $x$ 轴或在 $x$ 轴上,如图 2-13 所示,由公式(1)可得

$$|AB|=|x_2-x_1|.$$

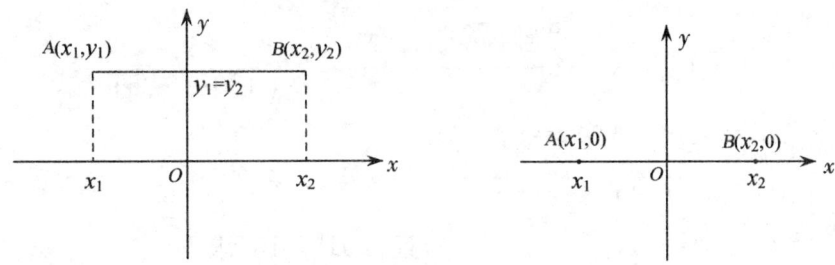

**图 2-13**

如果 $x_1=x_2$,这时线段 $AB$ 平行于 $y$ 轴或在 $y$ 轴上,如图 2-14 所示,由公式(1)可得

$$|AB|=|y_2-y_1|.$$

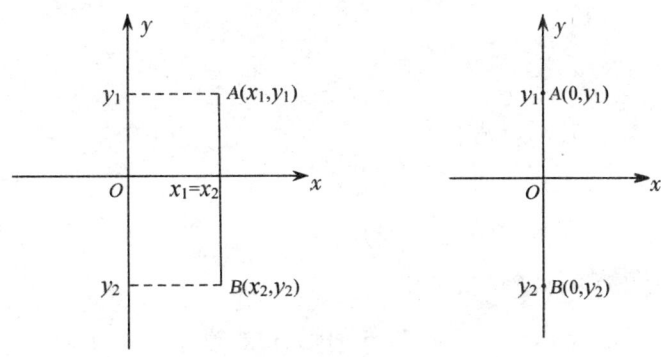

**图 2-14**

点 $A(x,y)$ 到原点 $O(0,0)$ 的距离,如图 2-15 所示,由公式(1)可得

$$|OA|=\sqrt{x^2+y^2}.$$

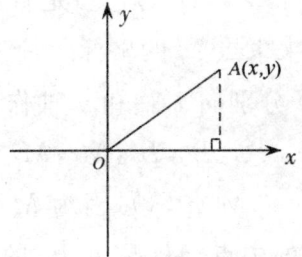

**图 2-15**

**【例3】** 求下列两点间的距离：

(1) $A(-4,4)$ 和 $B(8,10)$；

(2) $A(-3,5)$ 和 $B(2,5)$；

(3) $O(0,0)$ 和 $A(-4,3)$.

**解** (1) $|AB|=\sqrt{(x_2-x_1)^2+(y_2-y_1)^2}$
$=\sqrt{[8-(-4)]^2+(10-4)^2}=\sqrt{180}=6\sqrt{5}$；

(2) $|AB|=|2-(-3)|=5$；

(3) $|OA|=\sqrt{(-4)^2+3^2}=5$.

**【例4】** 已知 $A(-1,-1), B(b,5)$，且 $|AB|=10$，求 $b$.

**解** 由两点间距离公式可知

$$|AB|=\sqrt{[b-(-1)]^2+[5-(-1)]^2}=\sqrt{(b+1)^2+36}=10,$$

解得 $b=7$ 或 $b=-9$，

所以 $b=7$ 或 $b=-9$.

1. 求下列两点间的距离：

    (1) $A(8,6)$ 和 $B(2,1)$；

    (2) $A(-2,4)$ 和 $B(-2,-2)$；

    (3) $O(0,0)$ 和 $A(-6,-8)$.

2. 已知 $A(a,-5), B(0,10)$ 两点间的距离为 $17$，求 $a$ 的值.

3. 已知 $A(2,1), B(-1,2), C(5,y)$，且 $|AB|=|AC|$，求 $y$ 的值.

## 3. 中点坐标公式

如图 2-16 所示，设 $A(x_1,y_1), B(x_2,y_2)$ 是直角坐标平面内的任意两点，$M$ 为线段 $AB$ 的中点. 下面来求点 $M$ 的坐标.

设 $M(x,y)$，过 $A,B,M$ 分别向 $x$ 轴和 $y$ 轴作垂线 $AA_1, AA_2, BB_1, BB_2$，$MM_1, MM_2$，垂足分别为 $A_1, A_2, B_1, B_2, M_1, M_2$，则 $A_1(x_1,0), A_2(0,y_1)$，$B_1(x_2,0), B_2(0,y_2), M_1(x,0), M_2(0,y)$. 因为 $M$ 为线段 $AB$ 的中点，由相似形的性质可得，$M_1$ 是 $A_1B_1$ 的中点，$M_2$ 是 $A_2B_2$ 的中点，即

$$x=\frac{x_1+x_2}{2}, \quad y=\frac{y_1+y_2}{2}.$$

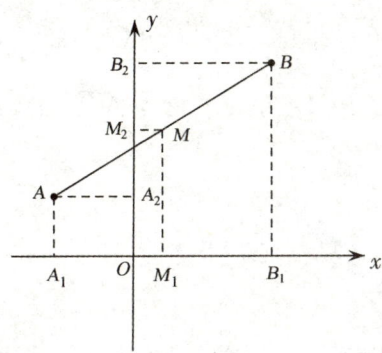

图 2-16

所以，已知两点 $A(x_1,y_2)$，$B(x_2,y_2)$，线段 $AB$ 的 中点坐标公式 为

$$x=\frac{x_1+x_2}{2}, \quad y=\frac{y_1+y_2}{2}.$$

【例 5】已知下列两点 $A,B$ 的坐标，求中点 $M$ 的坐标：

(1) $A(-3,4)$，$B(1,0)$；　　　(2) $A(6,-4)$，$B(3,8)$．

解　(1) $\dfrac{x_1+x_2}{2}=\dfrac{-3+1}{2}=-1$，$\dfrac{y_1+y_2}{2}=\dfrac{4+0}{2}=2$，

所以中点 $M$ 的坐标为 $(-1,2)$．

(2) $\dfrac{x_1+x_2}{2}=\dfrac{6+3}{2}=\dfrac{9}{2}$，$\dfrac{y_1+y_2}{2}=\dfrac{-4+8}{2}=2$，

所以中点 $M$ 的坐标为 $\left(\dfrac{9}{2},2\right)$．

【例 6】已知平行四边形 $ABCD$ 的三个顶点 $A(-3,0)$，$B(2,-2)$，$C(5,2)$，求顶点 $D$ 的坐标．

解　因为平行四边形的两条对角线的中点相同，所以它们的坐标也相同．设点 $D$ 的坐标为 $(x,y)$，则

$$\frac{x+2}{2}=\frac{-3+5}{2}=1, \quad \frac{y+(-2)}{2}=\frac{0+2}{2}=1,$$

解得　　　　　　　　　　　　$x=0$，$y=4$，

所以顶点 $D$ 的坐标为 $(0,4)$．

练习

1. 已知下列两点 $A,B$ 的坐标，求中点 $M$ 的坐标：

　　(1) $A(-2,5)$，$B(-1,0)$；　　　(2) $A(4,-7)$，$B(-2,3)$；

(3) $A(-2,0), B(0,10)$;  (4) $A\left(\dfrac{3}{4},-5\right), B\left(\dfrac{1}{4},3\right)$.

2. 已知平行四边形 $ABCD$ 的三个顶点 $A(0,0), B(2,-4), C(6,2)$，求顶点 $D$ 的坐标.

## 习题 2.2

1. 横轴上的点的坐标有什么特点？纵轴上的点的坐标有什么特点？

2. 分别写出点 $A(1,-1)$ 关于 $x$ 轴、$y$ 轴、原点、直线 $y=x$ 的对称点的坐标.

3. 求下列两点间的距离：
    (1) $A(-1,-1), B(3,2)$；
    (2) $A(-5,-2), B(0,-7)$；
    (3) $A(3,-4), B(-3,6)$.

4. 已知下列两点 $A,B$ 的坐标，求中点 $M$ 的坐标：
    (1) $A(-3,9), B(-1,11)$;  (2) $A(-4,-6), B(-2,4)$；
    (3) $A(-26,0), B(0,20)$;  (4) $A\left(-\dfrac{3}{2},-5\right), B\left(-\dfrac{1}{2},8\right)$.

5. 已知点 $A$ 在 $y$ 轴上，点 $B$ 的坐标为 $(4,-3)$，且 $A,B$ 间的距离等于 5，求点 $A$ 的坐标.

6. 已知点 $A(x,-5), B(4,y)$，且点 $C(2,4)$ 为线段 $AB$ 的中点，求 $x, y$ 的值.

7. 已知平行四边形 $ABCD$ 的三个顶点 $A(-1,0), B(3,-6), C(6,8)$，求顶点 $D$ 的坐标.

8. 已知点 $A$ 在 $x$ 轴上，点 $B$ 的坐标为 $(-4,3)$，且 $A,B$ 间的距离等于 5，求点 $A$ 的坐标.

9. 已知点 $A(0,-5), B(-5,0)$，求以 $AB$ 为斜边的等腰直角三角形的顶点 $C$ 的坐标.

10. 已知 $A(-4,1), B(2,b)$ 两点间的距离为 10，求 $b$ 的值.

## §2.3　一元不等式

### 1. 不等式的基本性质

我们知道,实数与数轴上的点是一一对应的,数轴上不同的两点,右边的点表示的实数比左边的点表示的实数大,所以实数可以比较大小.关于实数 $a,b$ 大小的比较,有以下基本性质:

$$a-b>0 \Leftrightarrow a>b;$$
$$a-b=0 \Leftrightarrow a=b;$$
$$a-b<0 \Leftrightarrow a<b.$$

其中符号"$\Leftrightarrow$"表示"等价于",即可以互相推出.

用不等号">"  "$\geqslant$"  "<"  "$\leqslant$"  "$\neq$"将两个代数式联结起来的式子叫作**不等式**.例如,"$3<4$" "$2x>100$" "$-1\leqslant 2y$" "$x-1\neq 0$"都是不等式.有些不等式中不含未知数,有些不等式中含有未知数.

从实数大小的基本性质出发,可以推出下列不等式的性质.

**性质 1**　如果 $a>b$,那么 $b<a$;如果 $b<a$,那么 $a>b$.即
$$a>b \Leftrightarrow b<a.$$

**性质 2**　如果 $a>b$ 且 $b>c$,那么 $a>c$,即
$$a>b, b>c \Rightarrow a>c.$$

**性质 3**　如果 $a>b$,那么 $a+c>b+c$,即
$$a>b \Rightarrow a+c>b+c.$$

**性质 4**　如果 $a>b$ 且 $c>d$,那么 $a+c>b+d$,即
$$a>b, c>d \Rightarrow a+c>b+d.$$

**性质 5**　如果 $a>b$ 且 $c>0$,那么 $ac>bc$;如果 $a>b$ 且 $c<0$,那么 $ac<bc$.即
$$a>b, c>0 \Rightarrow ac>bc;$$
$$a>b, c<0 \Rightarrow ac<bc.$$

**性质 6**　如果 $a>b>0$ 且 $c>d>0$,那么 $ac>bd$,即

$$a>b>0, c>d>0 \Rightarrow ac>bd.$$

**性质 7**　如果 $a,b$ 同号，那么 $ab>0$；如果 $a,b$ 异号，那么 $ab<0$.

**性质 8**　如果 $a,b$ 同号，那么 $\dfrac{a}{b}>0$；如果 $a,b$ 异号，那么 $\dfrac{a}{b}<0$.

1. 判断：

   (1) 如果 $a>b$，那么 $a-c>b-c$；　　　　　　　　　　　　　(　　)

   (2) 如果 $a>b$，那么 $\dfrac{a}{c}>\dfrac{b}{c}$；　　　　　　　　　　　　　(　　)

   (3) 如果 $ac<bc$，那么 $a<b$；　　　　　　　　　　　　　(　　)

   (4) 如果 $ac^2>bc^2$，那么 $a>b$.　　　　　　　　　　　　　(　　)

2. 用不等号"$>$""$<$"或"$\neq$"填空：

   (1) $a>b, c<d \Rightarrow a-c$ _____ $b-d$；

   (2) $a>b>0, c<d<0 \Rightarrow ac$ _____ $bd$；

   (3) $a>0, b<0 \Rightarrow ab$ _____ $0$；

   (4) 如果 $a<b$，那么 $a+3$ _____ $b+3$；

   (5) 如果 $a<0$，那么 $3a$ _____ $5a$；

   (6) 如果 $a<b$，那么 $\dfrac{a}{3}$ _____ $\dfrac{b}{3}$；

   (7) 如果 $a>b$，那么 $-a$ _____ $-b$；

   (8) 如果 $a<b<0$，那么 $\dfrac{1}{a}$ _____ $\dfrac{1}{b}$.

## 2. 一元一次不等式

含有一个未知量，并且未知量的最高次幂是一次的不等式叫作 **一元一次不等式**. 例如，"$2x>1$""$x+3\leqslant 7$""$5-3x>9$""$4x+1\neq 2x-6$"都是一元一次不等式.

能够使不等式成立的未知量的值叫作不等式的 **解**. 不等式的全体解组成的集合叫作不等式的 **解集**，求不等式解集的过程称为 **解不等式**.

任何一个一元一次不等式都可化为下列形式之一：
$ax>b, ax\geqslant b, ax<b, ax\leqslant b, ax\neq b. (a\neq 0)$

下面仅对一元一次不等式 $ax>b$ 的解法进行讨论,其余几种不等式的解法与 $ax>b$ 的解法完全类似.

不等式 $ax>b$ 的解法如下:

由不等式的性质 5 可得

如果 $a>0$,那么它的解集为 $\left\{x\,\middle|\,x>\dfrac{b}{a}\right\}$,用区间表示为 $\left(\dfrac{b}{a},+\infty\right)$;

如果 $a<0$,那么它的解集为 $\left\{x\,\middle|\,x<\dfrac{b}{a}\right\}$,用区间表示为 $\left(-\infty,\dfrac{b}{a}\right)$.

【例 1】解下列不等式:

(1) $2x-3<x+1$;

(2) $5x-3>0$;

(3) $2x+3\leqslant 4x+7$;

(4) $2(x+1)+\dfrac{x-2}{3}\neq\dfrac{7x-2}{2}$.

**解** (1) 移项,合并得 $x<4$. 原不等式的解集为 $\{x\,|\,x<4\}$,用区间表示为 $(-\infty,4)$.

(2) 移项得 $5x>3$. 原不等式的解集为 $\left\{x\,\middle|\,x>\dfrac{3}{5}\right\}$,用区间表示为 $\left(\dfrac{3}{5},+\infty\right)$.

(3) 移项,合并得 $-2x\leqslant 4$. 原不等式的解集为 $\{x\,|\,x\geqslant -2\}$,用区间表示为 $[-2,+\infty)$.

(4) 原不等式两边同乘以 6,得
$$12(x+1)+2(x-2)\neq 21x-6,$$
去括号得
$$14x+8\neq 21x-6,$$
移项,合并得
$$-7x\neq -14.$$

所以原不等式的解集为 $\{x\,|\,x\neq 2\}$,用区间表示为 $(-\infty,2)\cup(2,+\infty)$.

【例 2】电脑公司销售一批计算机,第一个月以 5500 元/台的价格售出 60 台,第二个月起降价后以 5000 元/台的价格将这批计算机全部售出,销售款总额超过 55 万元. 这批计算机最少有多少台?

**解** 设这批计算机最少有 $x$ 台,则
$$5500\times 60+5000(x-60)>550000,$$

解得
$$x > 104,$$
所以这批计算机最少有 105 台.

 练习

1. 填空题：

  (1) 不等式 $3x > 1$ 的解集是_____；

  (2) 不等式 $2x < -6$ 的解集是_____；

  (3) 不等式 $-4x \leqslant 9$ 的解集是_____；

  (4) 不等式 $-5x \geqslant -10$ 的解集是_____；

  (5) 不等式 $-3x \neq 1$ 的解集是_____.

2. 解下列不等式：

  (1) $10 + 2x \leqslant 11 + 3x$；

  (2) $15 - 9x > 10 - 4x$；

  (3) $\dfrac{x+1}{6} < \dfrac{2x-5}{4} + 1$；

  (4) $x - \dfrac{3x-8}{2} > \dfrac{2(10-x)}{7} - 1$.

3. 某次趣味知识竞赛共有 20 道题，答对每一题得 10 分，答错或不答都扣 5 分. 小红得分超过 80 分，她至少要答对多少道题？

## 3. 一元一次不等式组

  含有相同未知量的两个或两个以上一元一次不等式所组成的不等式组叫作**一元一次不等式组**. 不等式组中各个不等式解集的公共部分，叫作**不等式组的解集**. 求不等式组的解集就是先求出不等式组中每一个不等式的解集，再求其交集.

**【例3】** 解下列不等式组：

(1) $\begin{cases} 10 + 2x \leqslant 11 + 3x, \\ 7 + 2x > 6 + 3x; \end{cases}$    (2) $\begin{cases} 2x + 3 > x + 5, \\ \dfrac{2x-12}{3} + 1 > 2 - x. \end{cases}$

**解** (1) 由第一个不等式得
$$x \geqslant -1,$$

由第二个不等式得
$$x<1.$$
所以,原不等式组的解集为 $\{x|x\geqslant-1\}\cap\{x|x<1\}=\{x|-1\leqslant x<1\}$,用区间表示为 $[-1,1)$,在数轴上的表示如图 2-17 所示.

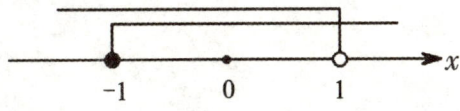

图 2-17

(2) 由第一个不等式得
$$x>2,$$
由第二个不等式得
$$x>3.$$
所以,原不等式组的解集为 $\{x|x>2\}\cap\{x|x>3\}=\{x|x>3\}$,用区间表示为 $(3,+\infty)$,在数轴上的表示如图 2-18 所示.

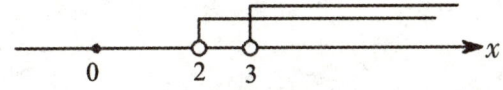

图 2-18

【例 4】三个小组计划在 10 天内生产 500 个零件(每天生产量相同),按原计划生产速度,不能完成任务;如果每个小组每天比原先多生产 1 个零件,就能提前完成任务.请问每个小组原先每天生产多少个零件.

**解** 设每个小组原先每天生产 $x$ 个零件.由题意得
$$\begin{cases} 3\times 10x<500, \\ 3\times 10(x+1)>500. \end{cases}$$
由第一个不等式得
$$x<16\frac{2}{3},$$
由第二个不等式得
$$x>15\frac{2}{3},$$
不等式组的解集为
$$\left\{x\Big|x<16\frac{2}{3}\right\}\cap\left\{x\Big|x>15\frac{2}{3}\right\}=\left\{x\Big|15\frac{2}{3}<x<16\frac{2}{3}\right\}.$$

根据题意，$x$ 的值应是整数，可得
$$x=16,$$
所以每个小组原先每天生产 16 个零件.

 **练习**

1. 解下列不等式组：

(1) $\begin{cases} 5(x-2) \leqslant 3(x-1), \\ 5(x-3) > 3(2x-3); \end{cases}$ (2) $\begin{cases} x-3(x-2) > 3, \\ \dfrac{2x-1}{5} < \dfrac{x+1}{2}; \end{cases}$

(3) $\begin{cases} x-3(x-2) > 4, \\ \dfrac{1+2x}{3} \leqslant x-1. \end{cases}$

2. 一本课外读物共 98 页，小明读了一周（7 天）还没读完，而小刚不到一周就已读完. 小刚平均每天比小明多读 3 页，请问小明平均每天读多少页.

## 4. 含绝对值的不等式

我们知道，对任意实数 $a$，

$$|a| = \begin{cases} a, & a > 0; \\ 0, & a = 0; \\ -a, & a < 0. \end{cases}$$

数 $a$ 的绝对值 $|a|$，在数轴上等于与实数 $a$ 对应的点到原点的距离. 由 $|a|$ 的这一几何意义可知，不等式 $|x| \leqslant 2$ 的解集是到原点的距离小于 2 或等于 2 的所有点对应的实数全体构成的集合，即

$$\{x \mid |x| \leqslant 2\} = \{x \mid -2 \leqslant x \leqslant 2\} = [-2, 2].$$

不等式 $|x| > 2$ 的解集是到原点的距离大于 2 的所有点对应的实数全体构成的集合，即

$$\{x \mid |x| > 2\} = \{x \mid x < -2 \text{ 或 } x > 2\} = (-\infty, -2) \cup (2, +\infty).$$

一般地，如果 $a > 0$，那么

(1) 不等式 $|x| < a$ 的解集是 $\{x \mid -a < x < a\}$，用区间表示为 $(-a, a)$；

(2) 不等式 $|x| \leqslant a$ 的解集是 $\{x \mid -a \leqslant x \leqslant a\}$，用区间表示为 $[-a, a]$；

(3) 不等式 $|x| > a$ 的解集是 $\{x \mid x < -a \text{ 或 } x > a\}$，也可表示为 $(-\infty, -a) \cup (a, +\infty)$；

(4) 不等式 $|x| \geqslant a$ 的解集是 $\{x \mid x \leqslant -a \text{ 或 } x \geqslant a\}$，也可表示为 $(-\infty, -a] \cup [a, +\infty)$.

**【例 5】** 解不等式 $|x-3| < 4$.

**解** 由不等式 $|x| < a$ 的解集知，原不等式可化为
$$-4 < x-3 < 4,$$
即
$$-1 < x < 7.$$
所以原不等式的解集是 $\{x \mid -1 < x < 7\}$，用区间表示为 $(-1, 7)$.

**【例 6】** 解不等式 $|2-x| \geqslant 5$.

**解** 由不等式 $|x| \geqslant a$ 的解集知，原不等式可化为
$$2-x \leqslant -5 \text{ 或 } 2-x \geqslant 5,$$
即
$$x \geqslant 7 \text{ 或 } x \leqslant -3.$$
所以原不等式的解集是 $\{x \mid x \geqslant 7 \text{ 或 } x \leqslant -3\}$，用区间表示为 $(-\infty, -3] \cup [7, +\infty)$.

**【例 7】** 解不等式 $|2x-3| \leqslant 5$.

**解** 由不等式 $|x| < a$ 的解集知，原不等式可化为
$$-5 \leqslant 2x-3 \leqslant 5,$$
即
$$-2 \leqslant 2x \leqslant 8,$$
$$-1 \leqslant x \leqslant 4.$$
所以原不等式的解集是 $\{x \mid -1 \leqslant x \leqslant 4\}$，用区间表示为 $[-1, 4]$.

**练习**

1. 解下列不等式，将解集用区间表示，并在数轴上表示出来：

　　(1) $|x-1| \leqslant 7$;　　　　　　(2) $|2x+1| > 5$;

　　(3) $|2x-3|-1 \geqslant 0$;　　　　(4) $|1-x| > 3$;

　　(5) $\left|x-\dfrac{1}{4}\right| \leqslant \dfrac{3}{4}$.

## 5. 一元二次不等式

含有一个未知量，并且未知量的最高次幂是二次的不等式叫作**一元二次**

**不等式**. 一元二次不等式可化为下列形式之一：
$$x^2+px+q>0,$$
$$x^2+px+q<0,$$
$$x^2+px+q\geqslant 0,$$
$$x^2+px+q\leqslant 0.$$

关于一元二次不等式的解法有很多种，我们先来介绍一种将一元二次不等式转化为绝对值不等式的求解方法，主要依据是配方法和以下结论：

(1) 不等式 $(x+p)^2>q^2$ 与绝对值不等式 $|x+p|>q$ 同解；

(2) 不等式 $(x+p)^2\geqslant q^2$ 与绝对值不等式 $|x+p|\geqslant q$ 同解；

(3) 不等式 $(x+p)^2<q^2$ 与绝对值不等式 $|x+p|<q$ 同解；

(4) 不等式 $(x+p)^2\leqslant q^2$ 与绝对值不等式 $|x+p|\leqslant q$ 同解.

其中，$p,q$ 为常数且 $q>0$.

请看下面的例子.

**【例 8】** 解不等式 $x^2-4x+3>0$.

**解** 配方得 $(x-2)^2-1>0,$

整理得 $(x-2)^2>1^2,$

转化为 $|x-2|>1,$

解之得 $x<1$ 或 $x>3.$

所以不等式 $x^2-4x+3>0$ 的解集为 $\{x|x<1 \text{ 或 } x>3\}$.

**【例 9】** 解不等式 $x^2-4x-5<0$.

**解** 配方得 $(x-2)^2-9<0,$

整理得 $(x-2)^2<3^2,$

转化为 $|x-2|<3,$

解之得 $-1<x<5.$

所以不等式 $x^2-4x-5<0$ 的解集为 $\{x|-1<x<5\}$.

**【例 10】** 解不等式 $4x^2-4x+1>0$.

**解** 配方得 $4\left(x-\dfrac{1}{2}\right)^2>0$，易见 $x\neq\dfrac{1}{2}$. 所以不等式 $4x^2-4x+1>0$ 的解集为 $\left\{x\Big|x\neq\dfrac{1}{2}\right\}$.

**【例 11】** 解不等式 $-x^2+2x-3>0$.

**解** 原不等式 $-x^2+2x-3>0$ 可化为 $x^2-2x+3<0$，也就是

$$(x-1)^2+2<0.$$

所以原不等式 $-x^2+2x-3>0$ 的解集为 $\varnothing$.

**【例 12】** 解不等式 $-2x^2+x-5<0$.

**解** 原不等式 $-2x^2+x-5<0$ 可化为 $2x^2-x+5>0$, 也就是

$$\left(x-\frac{1}{4}\right)^2+\frac{39}{16}>0.$$

所以原不等式 $-2x^2+x-5<0$ 的解集为 $(-\infty,+\infty)$.

一元二次不等式可以用不等式的性质 7 求解, 请看下面的例子.

**【例 13】** 如果 $x^2+px+q=(x-x_1)(x-x_2)$, 且 $x_1<x_2$, 解下列不等式:

(1) $x^2+px+q>0$;　　　　(2) $x^2+px+q\leqslant 0$.

**解** (1) 不等式 $x^2+px+q>0$ 可化为 $(x-x_1)(x-x_2)>0$, 由题意知 $x_1<x_2$,

$$\begin{cases}x-x_1<0,\\ x-x_2<0\end{cases} \text{或} \begin{cases}x-x_1>0,\\ x-x_2>0\end{cases} \Leftrightarrow x<x_1 \text{ 或 } x>x_2.$$

所以原不等式 $x^2+px+q>0$ 的解集为 $\{x|x<x_1 \text{ 或 } x>x_2\}$.

(2) 不等式 $x^2+px+q\leqslant 0$ 可化为 $(x-x_1)(x-x_2)\leqslant 0$, 由题意知 $x_1<x_2$,

$$\begin{cases}x-x_1\geqslant 0,\\ x-x_2\leqslant 0\end{cases} \text{或} \begin{cases}x-x_1\leqslant 0,\\ x-x_2\geqslant 0\end{cases} \Leftrightarrow x_1\leqslant x\leqslant x_2.$$

所以原不等式 $x^2+px+q\leqslant 0$ 的解集为 $\{x|x_1\leqslant x\leqslant x_2\}$.

熟记例 13 的结论, 用该结论也可以求解一元二次不等式, 这是一种比较实用的解法. 故例 9 的另一种解法如下:

由于 $x^2-4x-5=(x+1)(x-5)<0$, 故 $-1<x<5$. 所以不等式 $x^2-4x-5<0$ 的解集为 $\{x|-1<x<5\}$, 用区间可以表示为 $(-1,5)$.

练习

1. 解下列不等式:

(1) $x^2+4x+5>0$;　　　　(2) $4x^2+4x+1<0$;

(3) $x^2+6x+10<0$;　　　　(4) $x^2-3x+5>0$;

(5) $-6x^2-x+2<0$;　　　　(6) $x^2-2x-3>0$.

2. $x$ 取什么值时, 函数 $y=x^2-4x+1$ 的值:

(1) 等于零?　　(2) 大于零?　　(3) 小于零?

3. $x$ 取什么值时，$\sqrt{x^2-4x+3}$ 有意义？

## 6. 线性分式不等式

分式的分母中含有未知量的不等式叫作**分式不等式**. 如果分母中未知量的次幂是一次，分子中未知量的最高次幂也是一次，那么这样的分式不等式叫作**线性分式不等式**. 线性分式不等式可化为下列四种形式之一：

(1) $\dfrac{ax+b}{cx+d}<0$；   (2) $\dfrac{ax+b}{cx+d}\leqslant 0$；   (3) $\dfrac{ax+b}{cx+d}>0$；   (4) $\dfrac{ax+b}{cx+d}\geqslant 0$.

其中常数 $c\neq 0$.

用不等式的性质 8 可以求解线性分式不等式，请看下面的例子.

**【例 14】** 解不等式 $\dfrac{2x-1}{x-4}>0$.

**解** 原不等式可化为

$$\begin{cases}2x-1>0,\\ x-4>0\end{cases} \text{或} \begin{cases}2x-1<0,\\ x-4<0.\end{cases}$$

第一个不等式组的解集是 $\{x\mid x>4\}$，第二个不等式组的解集是 $\left\{x\mid x<\dfrac{1}{2}\right\}$，所以原不等式的解集是 $\left\{x\mid x<\dfrac{1}{2}\right\}\cup\{x\mid x>4\}=\left\{x\mid x<\dfrac{1}{2}\text{或}\ x>4\right\}$.

**【例 15】** 解不等式 $\dfrac{3x+1}{x+2}\leqslant 1$.

**解** 原不等式移项得 $\dfrac{3x+1}{x+2}-1\leqslant 0$，通分整理得 $\dfrac{2x-1}{x+2}\leqslant 0$，进而可化为

$$\begin{cases}2x-1\geqslant 0,\\ x+2<0\end{cases} \text{或} \begin{cases}2x-1\leqslant 0,\\ x+2>0.\end{cases}$$

第一个不等式组的解集是 $\varnothing$，第二个不等式组的解集是 $\left\{x\mid -2<x\leqslant\dfrac{1}{2}\right\}$，所以原不等式的解集是 $\left\{x\mid -2<x\leqslant\dfrac{1}{2}\right\}\cup\varnothing=\left\{x\mid -2<x\leqslant\dfrac{1}{2}\right\}$.

**练习**

1. 解下列不等式：

(1) $\dfrac{x-2}{x+3}<0$；   (2) $\dfrac{1-x}{5x+1}\geqslant 0$；

(3) $\dfrac{2x+1}{x-3} \geqslant 2$;   (4) $1 - \dfrac{2-x}{1+x} > 0$.

## 习题 2.3

1. 用不等号">"或"<"填下列各空:
   (1) $a+4$ _____ $a+8$;   (2) $a+4$ _____ $b+4$ ($a<b$);
   (3) $-7a$ _____ $-7b$ ($a<b$);   (4) $3a$ _____ $3b$ ($a<b$).

2. 解下列不等式:
   (1) $2x-4 > 6x+1$;   (2) $4x+3 \leqslant 2x+7$;
   (3) $\dfrac{3x}{2}+1 < 5$;   (4) $\dfrac{3(2-4x)}{5} \leqslant 0$.

3. 解下列不等式组:
   (1) $\begin{cases} x+2<0, \\ 3+x \geqslant 1; \end{cases}$   (2) $\begin{cases} \dfrac{x-3}{2}<0, \\ -4x+5 \leqslant 1; \end{cases}$
   (3) $\begin{cases} \dfrac{1}{2}x+1<3, \\ 3-2x<5; \end{cases}$   (4) $\begin{cases} 4x-4>3x+1, \\ 3x+1>2x-1. \end{cases}$

4. 解下列不等式:
   (1) $|5+4x|<2$;   (2) $|3-4x| \geqslant 6$;
   (3) $2|x|+2>8$;   (4) $2|x+1|+5>8$.

5. 解下列不等式:
   (1) $x^2-7x+12<0$;   (2) $2x^2<3-x$;
   (3) $2x^2-x+3>0$;   (4) $x^2+3x+5>0$;
   (5) $5x+3-2x^2>0$;   (6) $-3x^2+6x \leqslant 2$.

6. 解下列不等式:
   (1) $\dfrac{x-3}{x-7}>0$;   (2) $\dfrac{x-5}{3x-1} \geqslant 0$;
   (3) $\dfrac{3x+2}{x-1}<2$;   (4) $1-\dfrac{x}{x+5} \leqslant 0$.

7. 已知 $|x-a|<b$ ($b>0$) 的解集是 $\{x | -2<x<10\}$, 求 $a,b$ 的值.

8. 解不等式 $2+\dfrac{x}{3} \leqslant 4-\dfrac{x+8}{2}$.

9. 求下列不等式在正整数集中的解集：

(1) $|3x-5|<18$；  (2) $x^2-6x+8<0$.

10. 已知不等式 $|3x-a|<b\ (b>0)$ 的解集为 $(1,5)$，求实数 $a,b$ 的值.

## 名 词 索 引

实数 real number(26)

有理数 rational number(26)

无理数 irrational number(26)

数轴 number axis(27)

原点 origin(27)

绝对值 absolute value(27)

区间 interval(28)

闭区间 closed interval(28)

开区间 open interval(28)

半开半闭区间 half open interval(28)

有限区间 finite interval(28)

无限区间 infinite open interval(29)

平面直角坐标系 rectangular coordinate system(32)

$x$ 轴 $x$-axis(32)

$y$ 轴 $y$-axis(32)

象限 quadrant(32)

有序实数对 ordered pair(32)

坐标 coordinate(32)

不等式 inequality(39)

一元一次不等式 linear inequality of one unknown(40)

解集 solution set(40)

一元一次不等式组 system of linear inequality of one unknown(42)

含绝对值的不等式 inequality with absolute value(44)

一元二次不等式 quadratic inequality of one unknown(45)

分式不等式 fractional inequality(48)

线性分式不等式 linear fractional inequality(48)

## 数学符号

$|AB|$     线段 $AB$ 的长度.

$|a|$     数 $a$ 的绝对值.

$[a,b]$     **R** 中由 $a$ 到 $b$ 的闭区间.

$(a,b)$     **R** 中由 $a$ 到 $b$ 的开区间.

$[a,b)$     **R** 中以 $a$ 与 $b$ 为端点的左闭右开区间.

$(a,b]$     **R** 中以 $a$ 与 $b$ 为端点的左开右闭区间.

$\infty$     符号"$\infty$",读作"无穷大".

$+\infty$     符号"$+\infty$",读作"正无穷大",任何实数都小于 $+\infty$.

$-\infty$     符号"$-\infty$",读作"负无穷大",任何实数都大于 $-\infty$.

$xOy$     平面直角坐标系. $x$ 表示横坐标轴,$y$ 表示纵坐标轴,$O$ 表示坐标原点.

$>$     不等关系中的大于符号.例如,$x>0$ 表示 $x$ 是一个正数.

$<$     不等关系中的小于符号.例如,$x<5$ 表示 $x$ 是一个比 5 小的数.

$\geqslant$     大于或等于,通常又读作"不小于".

$\leqslant$     小于或等于,通常又读作"不大于".

## 常用公式

(1) 平面上两点间的距离公式:

$$|AB|=\sqrt{(x_2-x_1)^2+(y_2-y_1)^2}$$

(2) 中点的坐标公式:

$$x=\frac{x_1+x_2}{2},\ y=\frac{y_1+y_2}{2}$$

(3) 不等式的基本性质:

$$a>b \Leftrightarrow b<a$$

$$a>b, b>c \Rightarrow a>c$$

$$c<b, b<a \Rightarrow c<a$$

$$a>b \Rightarrow a+c>b+c$$

$$a+b>c \Rightarrow a>c-b$$

$$a>b, c>d \Rightarrow a+c>b+d$$

$$a>b, c>0 \Rightarrow ac>bc$$

$$a>b, c<0 \Rightarrow ac<bc$$

$$a>b>0, c>d>0 \Rightarrow ac>bd$$

$$a,b \text{ 同号} \Leftrightarrow ab>0$$

$a, b$ 异号 $\Leftrightarrow ab < 0$

$a, b$ 同号 $\Leftrightarrow \dfrac{a}{b} > 0$

$a, b$ 异号 $\Leftrightarrow \dfrac{a}{b} < 0$

(4) 数 $a$ 的绝对值：

$$|a| = \begin{cases} a, & a > 0 \\ 0, & a = 0 \\ -a, & a < 0 \end{cases}$$

(5) 绝对值不等式的解集(常数 $a > 0$)：

$|x| < a \Rightarrow \{x \mid -a < x < a\}$

$|x| \leqslant a \Rightarrow \{x \mid -a \leqslant x \leqslant a\}$

$|x| > a \Rightarrow \{x \mid x < -a \text{ 或 } x > a\}$

$|x| \geqslant a \Rightarrow \{x \mid x \leqslant -a \text{ 或 } x \geqslant a\}$

# 复 习 题 A

1. 选择题：

    (1) 点$(-2,-3)$在(　　).

    　　A. 第一象限　　　　　　　B. 第二象限
    　　C. 第三象限　　　　　　　D. 第四象限

    (2) 第二象限的符号是(　　).

    　　A. $(+,-)$　　　　　　　B. $(+,+)$
    　　C. $(-,-)$　　　　　　　D. $(-,+)$

    (3) 下列说法正确的是(　　).

    　　A. 有理数和无理数统称实数　　B. 实数用 Q 表示
    　　C. 实数分为整数和分数　　　　D. 实数分为正实数和负实数

    (4) 集合$\{x|3\leqslant x<5\}$用区间表示为(　　).

    　　A. $(3,5)$　　　　　　　B. $[3,5)$
    　　C. $(3,5]$　　　　　　　D. $[3,5]$

    (5) 点$(-1,3)$关于$y$轴的对称点为(　　).

    　　A. $(-1,3)$　　　　　　　B. $(1,3)$
    　　C. $(-1,3)$　　　　　　　D. $(1,-3)$

    (6) $A(-2,-1),B(2,2)$,则$|AB|=$(　　).

    　　A. 5　　　　　　　　　　B. 3
    　　C. 1　　　　　　　　　　D. $\sqrt{17}$

    (7) 若$a>b$,则下列错误的是(　　).

    　　A. $a+3>b+3$　　　　　B. $a-5>b-5$
    　　C. $a^2>b^2$　　　　　　D. $\dfrac{a}{2}>\dfrac{b}{2}$

    (8) $-2x>6$的解集是(　　).

    　　A. $x>3$　　　　　　　　B. $x<3$
    　　C. $x<-3$　　　　　　　D. $x>-3$

    (9) 不等式$|x|>7$的解集是(　　).

    　　A. $x>7$　　　　　　　　B. $-7<x<7$

C. $x<-7$   D. $x>7$ 或 $x<-7$

(10) $A(-2,-4), B(0,4)$ 的中点坐标为(  ).

A. $(1,0)$   B. $(-1,0)$

C. $(-2,-4)$   D. $(2,4)$

(11) 不等式组 $\begin{cases} x>5, \\ x<3 \end{cases}$ 的解集是(  ).

A. $(3,5)$   B. $(-\infty,3)$

C. $(5,+\infty)$   D. $\varnothing$

2. 判断题：

(1) 有理数包括分数和整数. （  ）

(2) $\pi$ 是有理数. （  ）

(3) 数轴上的点表示的数右边的大于左边. （  ）

(4) $(-2,2)$ 在第四象限. （  ）

(5) 若 $0<a<b$，则 $\sqrt{a}<\sqrt{b}$. （  ）

(6) $\begin{cases} x>2, \\ x<3 \end{cases}$ 的解集是 $[2,3]$. （  ）

(7) 若 $a<b$，则 $ab^2<bc^2$. （  ）

(8) 若 $|x|=7$，则 $x=7$. （  ）

(9) $|x-3|<-1$ 的解集是空集. （  ）

(10) 无限小数都是无理数. （  ）

3. 填空题：

(1) 用符号"$>$""$<$"填空：

若 $a>b>0, c>d>0$，则 $a^2$ ___ $b^2$，$ac$ ___ $bd$，$\dfrac{1}{c}$ ___ $\dfrac{1}{d}$，$|a|$ ___ $|b|$.

(2) 点 $(-3,0)$ 关于 $x$ 轴、$y$ 轴、原点的对称点分别为____，____，____.

(3) 数 $-5$ 在数轴上表示的点到原点的距离是____.

(4) 集合 $\{x|-3\leqslant x\leqslant 7\}$ 用区间表示为_____，集合 $\{x|x>7\}$ 用区间表示为_____，区间 $(-\infty,6]$ 表示的集合为_____.

(5) 不等式 $-3x<8$ 的解集为_____，不等式 $2x+3\neq 0$ 的解集是_____.

4. 已知 $A(-2,0), B(4,b)$，且 $|AB|=10$，求 $b$.

5. 平行四边形 $ABCD$ 的三个顶点是 $A(0,0), B(3,-5), C(4,6)$，求顶点 $D$ 的坐标.

6. 解下列不等式：

(1) $|x-5|<3$；　　(2) $x-3(x-2)>1$；　　(3) $\dfrac{1+2x}{3} \leqslant x-1$；

(4) $x^2-3x-4 \geqslant 0$；(5) $-2x^2+x-1 \geqslant 0$；(6) $\dfrac{3x+1}{x+2} \leqslant 2$.

7. 解不等式组 $\begin{cases} 2x+3(4-x)>4, \\ x-3>\dfrac{x}{2}-\dfrac{1}{4}. \end{cases}$

## 复 习 题 B

1. 填空题：

(1) 已知点 $(x,-1)$ 到点 $(0,3)$ 的距离是 5，那么 $x$ 的值为 _____．

(2) 用不等号">"或"<"填空：

若 $a<b$，则 $a-2$ _____ $b-2$；

若 $a>0$，则 $4a$ _____ $6a$；

若 $a>b>0$，则 $a^3$ _____ $b^3$；

若 $a>b, c<d$，则 $a-c$ _____ $b-d$；

若 $a>b>0, c>d>0$，则 $ac$ _____ $bd$；

若 $a>b>c>0$，则 $\dfrac{c}{a}$ _____ $\dfrac{c}{b}$；

若 $0<a<b<1$，则 $\dfrac{1}{a^2}$ _____ $\dfrac{1}{b^2}$；

若 $a,b \in \mathbf{R}$ 且 $a \neq b$，则 $a^2+3b^2$ _____ $2b(a+b)$；

若 $a,b \in \mathbf{R}$ 且 $a \neq 2$，则 $a^2+b^2+5$ _____ $2(2a-b)$.

(3) 集合 $\{x|-1 \leqslant x<4\}$ 用区间表示是 _____，集合 $\left\{x \Big| x<\dfrac{1}{2}\right\}$ 用区间表示是 _____．

(4) 若 $x \in (-\infty, 2)$，则 $x+1, x-1, 2-x, \dfrac{1}{2}x+3$ 的取值范围用区间表示分别为 _____，_____，_____，_____．

(5) 不等式 $-3x<8$ 的解集是＿＿＿＿，不等式 $-\frac{1}{4}x>-7$ 的解集是＿＿＿＿.

(6) 如果不等式 $x-1<0$ 与 $3+x>-1$ 同时成立,那么 $x$ 的取值范围是＿＿＿＿.

(7) 不等式 $|x-3|<2$ 的解集是＿＿＿＿.

(8) 不等式 $|2x+7|\geqslant 11$ 的解集是＿＿＿＿.

(9) 不等式 $\frac{3-x}{2+x}>0$ 的解集是＿＿＿＿.

(10) 一元二次不等式 $x^2-6x+8>0$ 的解集是＿＿＿＿.

(11) 不等式 $x+5\geqslant 0$ 且 $x-1<0$ 同时成立的解集是＿＿＿＿.

(12) 不等式 $x-2\geqslant 0$ 或 $x+4<1$ 成立的解集是＿＿＿＿.

(13) 使 $\sqrt{x(3x+6)}$ 有意义的 $x$ 的集合用区间表示为＿＿＿＿.

(14) 使 $\sqrt{4-|x|}$ 有意义的 $x$ 的集合用区间表示为＿＿＿＿.

(15) 不等式 $\left|\frac{1}{2}x+1\right|<5$ 在正数集中的解集是＿＿＿＿.

(16) 不等式 $|2x-3|<8$ 在自然数集中的解集是＿＿＿＿.

(17) 不等式 $\frac{3-x}{2+x}-1\leqslant 0$ 的解集是＿＿＿＿.

2. 判断题：

(1) 若 $a>b$,则 $\frac{1}{a}<\frac{1}{b}$. （ ）

(2) 若 $a>b$,则 $a^4>b^4$. （ ）

(3) 若 $a>b$,则 $ac^4>bc^4$. （ ）

(4) 对任意 $x\in\mathbf{R}$,不等式 $-3x^2+2x-1>0$ 恒成立. （ ）

(5) 对任意 $x\in\mathbf{R}$,不等式 $4x^2-4x+1\geqslant 0$ 恒成立. （ ）

(6) 对任意 $a\in\mathbf{R}$,$|-a|=a$. （ ）

(7) 对任意 $a,b\in\mathbf{R}$,$|a-b|=|b-a|$. （ ）

(8) 对任意 $a\in\mathbf{R}$,$\sqrt{(-a)^2}=-|a|$. （ ）

(9) 不等式 $x\geqslant 0$ 和 $x<-1$ 同时成立的 $x$ 的取值范围是 $\varnothing$. （ ）

(10) 不等式 $x^2+5x+9>0$ 的解集是 $\varnothing$. （ ）

(11) 不等式 $2x^2+4x-7>0$ 的解集是 $\mathbf{R}$. （ ）

(12) 不等式 $2x^2-x-3<0$ 的解集是 $\left(-1,\dfrac{3}{2}\right)$. ( )

(13) 不等式 $|x-3|>1$ 的解集是 $\{x|x>4 \text{ 或 } x<2\}$. ( )

(14) 不等式 $|x-5|<1$ 在正数集中的解集是 $\{x|0<x<6\}$. ( )

(15) 不等式 $|x-3|<1$ 的解集是 $\varnothing$. ( )

(16) 若 $|x|>|y|$, 则 $x>y$. ( )

(17) 若 $x<y$, 则 $x^2<y^2$. ( )

(18) 不等式 $x>-2$ 或 $x<4$ 的解集是实数集 **R**. ( )

3. 选择题：

(1) 不等式 $1-3x<0$ 的解集是( ).

    A. $\left(\dfrac{1}{3},+\infty\right)$      B. $\left(-\infty,\dfrac{1}{3}\right)$

    C. $\left(-\infty,\dfrac{1}{3}\right]$      D. $\left[\dfrac{1}{3},+\infty\right)$

(2) 不等式 $-8<4x<8$ 的解集是( ).

    A. $\{x|x>-2\}$      B. $\{x|x<2\}$

    C. $\{x|-2<x<2\}$      D. $\{x|x<-2 \text{ 或 } x>2\}$

(3) 不等式组 $\begin{cases} x\geqslant -3, \\ x<0 \end{cases}$ 的解集是( ).

    A. $[-3,+\infty]$      B. $(-\infty,0)$

    C. $[-3,0)$      D. $\varnothing$

(4) 不等式 $x^2-x-6>0$ 的解集是( ).

    A. $(-2,+\infty)$      B. $(-2,3)$

    C. $(-\infty,-2)\cup(3,+\infty)$      D. $(3,+\infty)$

(5) $a>0$ 且 $b>0$ 是 $ab>0$ 的( ).

    A. 充要条件      B. 充分但非必要条件

    C. 必要但非充分条件      D. 既非充分又非必要条件

(6) 不等式 $|x-4|<7$ 的解集是( ).

    A. $(11,+\infty)$      B. $(-3,11)$

    C. $(-\infty,-3)\cup(11,+\infty)$      D. $(-\infty,-3)$

(7) 不等式 $x^2+2x-3\leqslant 0$ 的解集是( ).

    A. $\{x|x\leqslant -3 \text{ 且 } x\geqslant 1\}$      B. $\{x|x\neq -3 \text{ 且 } x\neq 1\}$

C. $\{x \mid -3 \leqslant x \leqslant 1\}$        D. $\{x \mid x \leqslant -3 \text{ 且 } x \leqslant 1\}$

4. 分别写出点 $A(-3,4)$ 关于 $x$ 轴、$y$ 轴、原点、直线 $y=x$ 的对称点的坐标.

5. 已知 $A(1,-3), B(5,b)$，且 $|AB|=5$，求 $b$.

6. 求不等式 $|3x+8| \leqslant 10$ 在整数集中的解集.

7. 解下列不等式：

  (1) $|x-5|<3$;      (2) $\dfrac{1}{4-x}>6$;

  (3) $x^2-x-6<0$;     (4) $x^2+2x-3 \geqslant 0$.

8. 解下列不等式：

  (1) $\dfrac{3}{2-x}+\dfrac{x}{x-2}>0$;    (2) $\dfrac{(x-3)(x+1)}{|1-x|}>0$;

  (3) $10x^2-11x+3>0$.

9. 解不等式组 $\begin{cases} 2x+3(4-x)>4, \\ x-3>\dfrac{x}{2}-\dfrac{1}{4}. \end{cases}$

10. 已知 $|x-a|<b(b>0)$ 的解集是 $\{x \mid -2<x<6\}$，求常数 $a,b$.

# 第3章 函 数

函数是初等数学乃至于整个数学的主要研究对象,这一章将在初中已经学过的函数概念的基础上,用映射的观点进一步学习函数概念及性质,最后简单介绍反函数、复合函数、分段函数等.

## §3.1 映 射

先来回顾一下初中学过的函数概念. 在函数 $y=x^2$ 中,对 $x\in\mathbf{R}$ 的每一个确定的值,按照对应法则"平方",都有唯一确定的 $y$ 值与它对应. 例如,
$$x=1\to y=1,\quad x=0\to y=0,\quad x=-1\to y=1.$$
这时,我们说 $y$ 是 $x$ 的函数,其中 $x$ 是自变量,$y$ 是因变量,$\mathbf{R}$ 是该函数的定义域,$y$ 的取值范围非负实数集是该函数的值域.

从这个例子可以看出:

(1) 通过对应法则"平方",把实数集 $\mathbf{R}$(定义域)中的数变到非负实数集(值域)中去;

(2) 对实数集 $\mathbf{R}$(定义域)中的每一个实数,在非负实数集(值域)中有且仅有一个值与之对应.

函数关系实质上表示的是两个数集的元素之间,按照某种法则确定的一种对应关系. 此外,我们还会遇到两个集合之间的这种对应关系. 请看下面的例子.

(1) 设 $A$ 表示某学校全体学生构成的集合,则对 $A$ 中任意元素 $x$(某个学生),通过测量身高,在正实数集中必有唯一实数与 $x$ 对应;

(2) 对任意 $x\in\mathbf{R}$,在数轴上必有唯一一点 $A$ 与之对应.

为了研究这些类似于函数的对应关系,我们引入"映射"的概念.

**定义 1**  设 $A,B$ 是两个非空集合,如果按照某种对应法则 $f$,对 $A$ 中任一个元素 $x$,在 $B$ 中都有唯一的元素 $y$ 与 $x$ 对应,那么称 $f$ 是集合 $A$ 到集合 $B$ 的映射,记作

$$f:A\to B.$$

可以说 $y$ 是 $x$ 在映射 $f$ 作用下的象,记作 $f(x)$. 于是 $y=f(x)$,$x$ 称作 $y$ 的原象.

由此可见,映射概念是初中函数概念的推广.在初中学过的函数,其实质就是数集到数集的映射.

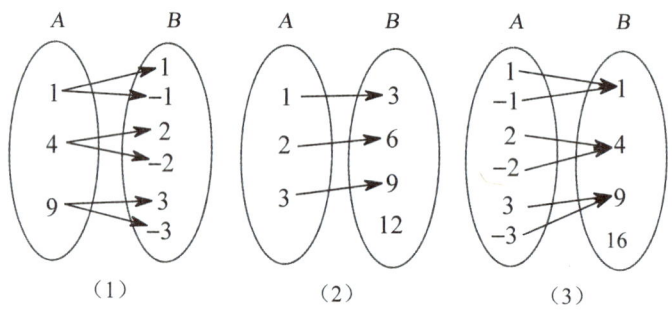

图 3-1

【例 1】在图 3-1 中,图(1)、(2)、(3)用箭头所标明的 $A$ 中元素与 $B$ 中元素的对应法则,是不是映射?

**解**  在图(1)中,$A$ 中的每一个元素,通过开平方运算,在 $B$ 中有两个元素与之对应.这种对应法则不符合上述映射定义,所以(1)不是映射.

在图(2)中,$A$ 中的每一个元素,通过 3 倍运算,在 $B$ 中有唯一元素与之对应.这种对应法则符合上述映射定义,所以(2)是映射.

在图(3)中,$A$ 中的每一个元素,通过平方运算,在 $B$ 中有唯一元素与之对应.这种对应法则也符合上述映射定义,所以(3)同样是映射.

图(3)与(2)不同的是,(3)的 $A$ 中每两个元素同时对应 $B$ 中的一个元素,而且在 $B$ 中,16 在 $A$ 中没有原象.

从上例我们可以看到,$A$ 到 $B$ 的映射只允许一个元素对应一个元素或多个元素对应一个元素,而不允许一个元素对应多个元素.$A$ 中不能有剩余元素,$B$ 中可以有剩余元素.

若 $B$ 中的元素有原象,原象是唯一的,则这样的映射又叫作单射,如上例中映射(2);若 $B$ 中没有剩余元素,也就是 $B$ 中每一个元素都有原象,则这样

的映射又叫作**满射**.既是单射又是满射的映射叫作**一一映射**.

1. 在下列各题中,哪些对应法则是映射?哪些不是映射?如果是映射,哪些是单射?哪些是满射?哪些是一一映射?

   (1) $A=\{1,2,3,4\}, B=\{3,4,5,6\}$,对应法则 $f$ 为"加 2";

   (2) $A=\mathbf{R}, B=\mathbf{R}$,对应法则 $f$ 为"求平方根";

   (3) $A=\mathbf{N}, B=\mathbf{N}$,对应法则 $f$ 为"4 倍";

   (4) $A=\mathbf{R}, B=\mathbf{R}$,对应法则 $f$ 为"求绝对值";

   (5) $A=\mathbf{R}, B=\mathbf{R}$,对应法则 $f$ 为"求倒数".

## 习题 3.1

1. 根据图 3-2 中的对应法则,写出与 $X$ 对应的 $Y$ 值.

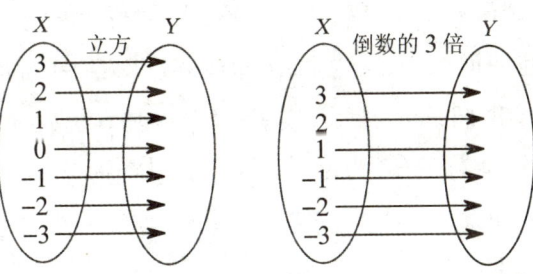

**图 3-2**

2. 图 3-3 中表示的对应法则是不是映射?为什么?

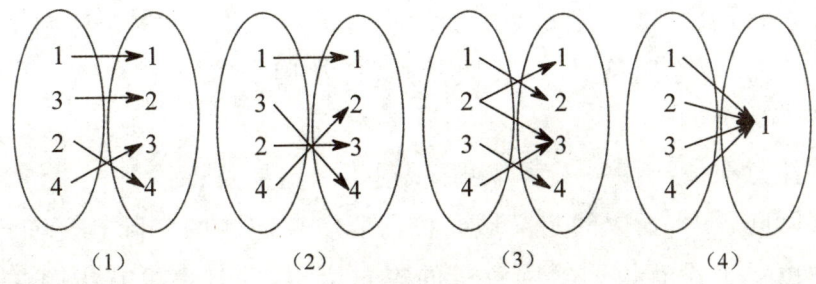

**图 3-3**

3. 已知集合 $A$ 到集合 $B$ 的对应是映射,那么集合 $A$ 中的元素在集合 $B$ 中是否都有象?如果有,是否唯一?集合 $B$ 中的元素是否在集合 $A$ 中都有原象?如果有,是否唯一?为什么?

4. 已知集合 $A=\{1,2,3,4,5,6,7,8,9,10,11,12\}$，$B=\{28,29,30,31\}$，对应法则 $f$ 为"非闰年时，月份数对应该月的天数". 集合 $A$ 到集合 $B$ 的对应法则 $f$ 是映射吗？

## §3.2 函数的概念

### 1. 函数的定义

上一节，我们学习了映射的概念，下面用集合和映射的语言给出函数定义的进一步表述.

**定义 1** 若 $D$ 和 $B$ 都是非空的实数集合，则两个实数集合之间的映射 $f: D \to B$ 称为**函数**.

由函数定义可知函数是映射的一个特例. 因此，我们要求 $D$ 中的每一个数 $x$，在 $B$ 中都有唯一的数 $y$ 与之对应，但不要求 $B$ 中的每一个数都是 $D$ 中某个数的对应元素. 我们称 $D$ 为函数 $f$ 的**定义域**. 函数 $f$ 可记为 $y=f(x)$，$x \in D$，与 $x$ 对应的数 $y$ 称为 $x$ 的函数值，也记为 $y=f(x)$. 习惯上，$x$ 称为**自变量**，$y$ 称为**因变量**，也称 $y$ 是 $x$ 的**函数**. 所有函数值组成的数集称为函数的**值域**，用 $M$ 来表示，即

$$M=\{y \mid y=f(x), x \in D\} \subseteq B.$$

由函数定义可知，只要函数的定义域和对应法则 $f$ 确定以后，这个函数就确定了，值域取决于定义域和对应法则 $f$，所以定义域和对应法则 $f$ 称为**函数的两要素**. 函数除用符号 $f(x)$ 表示外，还常用 $g(x)$，$F(x)$，$G(x)$ 等符号表示.

需要注意的是，函数一定是映射，映射不一定是函数.

在实际问题中，函数的定义域要根据所研究问题的实际意义而定. 如果一个函数由一个没有说明实际背景的等式给出，并且也没有指明它的定义域，这时就认为函数的定义域是所有能使这个式子有意义的实数的集合.

【**例 1**】求下列函数的定义域：

(1) $y=2x^2-x+1$；　　　　(2) $y=\dfrac{2}{x-1}$；

(3) $y=\sqrt{1-2x}$ ；　　　　(4) $y=\sqrt{x-1}+\dfrac{1}{2-x}$.

**解** (1) $x$ 取任何实数时，$2x^2-x+1$ 都有意义，所以这个函数的定义域是实数集 **R**.

(2) 因为当 $x-1=0$ 即 $x=1$ 时，分式 $\dfrac{2}{x-1}$ 无意义，而 $x\neq 1$ 时，分式 $\dfrac{2}{x-1}$ 有意义，所以这个函数的定义域是 $(-\infty,1)\cup(1,+\infty)$.

(3) 因为当 $1-2x<0$ 即 $x>\dfrac{1}{2}$ 时，根式 $\sqrt{1-2x}$ 无意义，而 $x\leqslant\dfrac{1}{2}$ 时，根式 $\sqrt{1-2x}$ 有意义，所以这个函数的定义域是 $\left(-\infty,\dfrac{1}{2}\right]$.

(4) 这个函数只有当 $x-1\geqslant 0$ 且 $2-x\neq 0$ 时才有意义，所以这个函数的定义域是不等式组

$$\begin{cases} x-1\geqslant 0,\\ 2-x\neq 0\end{cases}$$

的解集，即 $x\geqslant 1$ 且 $x\neq 2$，用区间表示为 $[1,2)\cup(2,+\infty)$.

**【例 2】** 已知函数 $y=3x^2-x+2$，求 $f(0),f(1),f(-1),f(\sqrt{2}),f(a),f(a+1)$.

**解** $f(0)=3\times 0^2-0+2=2$，　　$f(1)=3\times 1^2-1+2=4$，

$f(-1)=3\times(-1)^2-(-1)+2=6$，

$f(\sqrt{2})=3\times(\sqrt{2})^2-\sqrt{2}+2=8-\sqrt{2}$，

$f(a)=3a^2-a+2$，

$f(a+1)=3(a+1)^2-(a+1)+2=3a^2+5a+4$.

**【例 3】** 下列函数中哪个与函数 $y=x$ 是同一个函数？

(1) $y=(\sqrt{x})^2$；　　(2) $y=\sqrt[3]{x^3}$；　　(3) $y=\sqrt{x^2}$.

**解** 分析：函数的两要素是定义域和对应法则 $f$，因此，对于两个函数，如果它们的定义域相同且对应法则 $f$ 也相同，那么这两个函数就相同，或者说是同一个函数.

函数 $y=x$ 的定义域是实数集 **R**.

(1) $y=(\sqrt{x})^2=x(x\geqslant 0)$，这个函数与函数 $y=x(x\in\mathbf{R})$ 虽然对应法则相同，但定义域不相同，所以这两个函数不是同一个函数.

(2) $y=\sqrt[3]{x^3}=x(x\in\mathbf{R})$，这个函数与函数 $y=x(x\in\mathbf{R})$ 不仅对应法则相

同,而且定义域也相同,所以这两个函数是同一个函数.

(3) $y=\sqrt{x^2}=|x|=\begin{cases} x, & x\geqslant 0; \\ -x, & x<0, \end{cases}$ 这个函数与函数 $y=x(x\in \mathbf{R})$ 的定义域都是实数集 $\mathbf{R}$,但是当 $x<0$ 时它的对应法则与函数 $y=x(x\in \mathbf{R})$ 不相同,所以这两个函数不是同一个函数.

1. 求下列函数的定义域:

(1) $y=\sqrt{3x-1}$;

(2) $y=\dfrac{2}{1+x}$;

(3) $y=x^2$;

(4) $y=\sqrt{2x-1}+\dfrac{1}{1-x}$.

2. 已知函数 $y=2x^2-x+1$,求 $f(0), f\left(\dfrac{1}{2}\right), f(-2), f(\sqrt{2}), f(a), f(a-1)$.

3. 已知函数 $y=2x+3, x\in\{-2,-1,0,1,2\}$,求这个函数的值域.

## 2. 函数的表示法

函数的表示方法通常有解析法(公式法)、列表法、图像法三种.

### 解析法

解析法就是把两个变量的函数关系用一个等式来表示,这个等式叫作函数的**解析表达式**,简称为**解析式**.用解析式表示函数的方法称为解析法.

例如, $y=kx+b\ (k\neq 0)$,

$S=\pi r^2$,

$y=ax^2+bx+c\ (a\neq 0)$,

$y=\sqrt{1-x}\ (x\leqslant 1)$

都是用解析式表示函数关系的.

用解析法表示函数关系的优点是:函数关系清楚,容易从自变量的值求出其对应的函数值,便于用解析式来研究函数的性质.

### 列表法

列表法就是用表格来表示两个变量的函数关系.

例如,一次期末考试中,某班前三名同学甲、乙、丙的语文、数学、英语以及总成绩可用表 3-1 来表示.

## 第3章 函数

表 3-1 甲、乙、丙的语文、数学、英语以及总成绩

|   | 语文 | 数学 | 英语 | 总成绩 |
|---|---|---|---|---|
| 甲 | 95 | 100 | 98 | 293 |
| 乙 | 92 | 99 | 100 | 291 |
| 丙 | 93 | 98 | 95 | 286 |

再如,国际上常用恩格尔系数反映一个国家人民生活质量的高低,恩格尔系数越低,生活质量越高.表 3-2 中恩格尔系数随时间(年)变化的情况表明,"八五"计划以来,我国城镇居民的生活质量发生了显著变化.

表 3-2 "八五"计划以来我国城镇居民恩格尔系数

| 时间(年) | 1991 | 1992 | 1993 | 1994 | 1995 | 1996 | 1997 | 1998 | 1999 | 2000 | 2001 |
|---|---|---|---|---|---|---|---|---|---|---|---|
| 恩格尔系数(%) | 53.8 | 52.9 | 50.1 | 49.9 | 49.9 | 49.6 | 46.4 | 44.5 | 41.9 | 39.2 | 37.9 |

用列表法表示函数关系的优点是:不必通过计算就知道当自变量取某些值时对应的函数值.

**图像法**

图像法就是在平面直角坐标系内,用函数图像表示两个变量之间的关系.

例如,气象台应用自动记录器描绘温度随时间变化的曲线,就是用图像法表示函数关系的.再如,我国人口出生率变化曲线,也是用图像法表示函数关系的.

用图像法表示函数关系的优点是:能直观形象地表示函数的变化情况.

**【例 4】** 某种笔记本的单价是 5 元,买 $x(x\in\{1,2,3,4,5\})$ 个笔记本需要 $y$ 元,试用三种表示法表示函数 $y=f(x)$.

**解** 这个函数的定义域是数集 $\{1,2,3,4,5\}$.

用解析法可将函数 $y=f(x)$ 表示为 $y=5x, x\in\{1,2,3,4,5\}$.

用列表法可将函数 $y=f(x)$ 表示为表 3-3.

表 3-3 笔记本数与钱数间的关系

| 笔记本数 $x$(个) | 1 | 2 | 3 | 4 | 5 |
|---|---|---|---|---|---|
| 钱数 $y$(元) | 5 | 10 | 15 | 20 | 25 |

用图像法可将函数 $y=f(x)$ 表示为图 3-4.

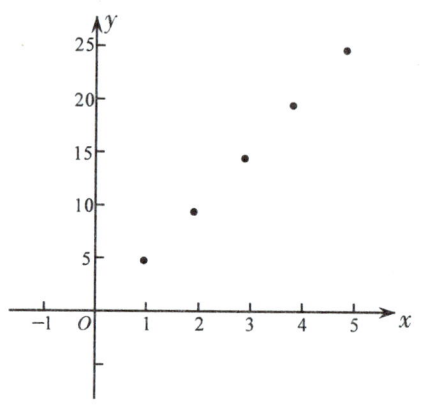

图 3-4

【例5】某市出租车资费规定如下:

(1) 3公里以内(含3公里)5元;

(2) 3公里以上,每增加1公里,资费增加1.2元(不足1公里按1公里计算).

某线路总里程为6公里,请根据题意写出资费与里程之间函数的解析表达式,并画出函数的图像.

**解** 设资费为 $y$ 元,里程为 $x$ 公里.由题意知,自变量 $x$ 的取值范围是 $(0,6]$.

用解析法可将函数 $y=f(x)$ 表示为

$$y=\begin{cases}5, & 0<x\leqslant 3;\\ 6.2, & 3<x\leqslant 4;\\ 7.4, & 4<x\leqslant 5;\\ 8.6, & 5<x\leqslant 6.\end{cases}$$

根据解析式画出的函数图像如图3-5所示.

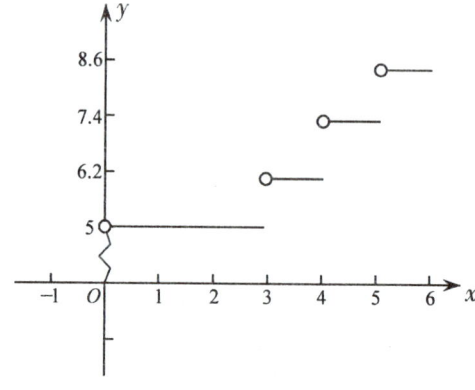

图 3-5

用列表法可将函数 $y=f(x)$ 表示为表 3-4.

表 3-4 里程与资费间的关系

| 里程 $x$(公里) | $0<x\leqslant 3$ | $3<x\leqslant 4$ | $4<x\leqslant 5$ | $5<x\leqslant 6$ |
|---|---|---|---|---|
| 资费 $y$(元) | 5 | 6.2 | 7.4 | 8.6 |

函数的图像既可以是连续的曲线,也可以是直线、折线、离散的点等.

从上面两个例子可以看到,函数的三种表示方法各有其特点,可根据实际情况进行选用.在研究函数性质时,常常三种方法并用,这样更有利于全面了解函数的性质.

**练习**

1. 试举出几个日常生活中的函数例子,并用合适的方法表示它们.

2. 画出函数 $y=\begin{cases} 1, & x\in[-1,0); \\ -1, & x\in[0,1] \end{cases}$ 的图像.

3. 某商店有游戏机 12 台,每台售价 200 元.求售出台数与收款总数之间的函数关系(用解析式),并画出函数的图像.

**习题 3.2**

1. 求下列函数的定义域:

(1) $y=\sqrt{6x+1}$;

(2) $y=\dfrac{5}{x-3}$;

(3) $y=\dfrac{1}{\sqrt{1-3x}}$;

(4) $y=\sqrt{2x-1}+\sqrt{2x+1}$;

(5) $y=\dfrac{\sqrt{4+x}}{1+x}$;

(6) $y=\sqrt{3x-1}+\dfrac{1}{3-x}$;

(7) $y=2x^2+\dfrac{1}{x+1}$;

(8) $y=\sqrt{|x|-1}$.

2. 已知函数 $f(x)=2x^2+5x-4$,求 $f(-3), f(0), f\left(\dfrac{1}{3}\right), f(a), f(a+1), f(a-1), f\left(\dfrac{1}{a}\right)$.

3. 下列各组函数是否表示同一个函数?

(1) $f(x)=1$ 与 $g(x)=\dfrac{|x|}{x}$;

(2) $f(x)=|x|$ 与 $g(x)=(\sqrt{x})^2$；

(3) $f(x)=\sqrt{x-1}\sqrt{x+2}$ 与 $g(x)=\sqrt{(x-1)(x+2)}$.

4. 已知 $f\left(\dfrac{x-1}{x+1}\right)=-x$，求 $f(x)$.

5. 作出下列函数的图像：

(1) $y=3x$，$x\in\{-2,-1,0,1,2\}$.  (2) $y=4x-1$，$x\in[-2,5)$.

(3) $y=\begin{cases}3x-2, & x\in[-3,-1);\\ 3x, & x\in[-1,1);\\ x+1, & x\in[1,3].\end{cases}$

6. 某超市春节促销大米的价格规定如下：

(1) 5 公斤以下，每公斤 2.30 元；

(2) 5 公斤到 10 公斤以下，每公斤 2.20 元；

(3) 10 公斤以上，每公斤 2.00 元．

假定每人购买大米不超过 50 公斤，试建立这种大米售价 $y$(元)与大米重量 $x$(公斤)之间的函数关系式，并作出其图像．

7. 已知函数 $f(x)=ax+b$，且 $f(2)=1$，$f(-1)=0$，求 $a$ 与 $b$ 的值．

## §3.3 单调函数

从函数 $y=x^2$ 的图像(见图 3-6)可以看到：

(1) 图像在 $y$ 轴的右侧部分是上升的，也就是说，当 $x$ 在区间 $[0,+\infty)$ 上取值时，随着 $x$ 的增大，相应的 $y$ 值也随着增大，即如果取 $x_1,x_2\in[0,+\infty)$，得到 $y_1=f(x_1)$，$y_2=f(x_2)$，那么当 $x_1<x_2$ 时，有 $y_1<y_2$，这时我们就说函数 $y=x^2$ 在 $[0,+\infty)$ 上是增函数．

(2) 图像在 $y$ 轴的左侧部分是下降的，也就是说，当 $x$ 在区间 $(-\infty,0)$ 上取值时，随着 $x$ 的增大，相应的 $y$ 值反而随着减小，即如果取 $x_1,x_2\in(-\infty,0)$，得到 $y_1=f(x_1)$，$y_2=f(x_2)$，那么当 $x_1<x_2$ 时，有 $y_1>y_2$，这时我们就说函数 $y=x^2$ 在 $(-\infty,0)$ 上是减函数．

一般地，设函数 $y=f(x)$ 的定义域为 $D$，$I$ 是 $D$ 内的某个区间(即 $I\subseteq D$).

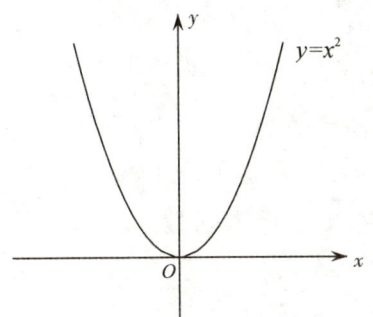

图 3-6

(1) 如果对任意的 $x_1, x_2 \in I$,当 $x_1 < x_2$ 时,都有
$$f(x_1) < f(x_2),$$
那么就称函数 $y=f(x)$ 在 $I$ 上是**增函数**或称 $y=f(x)$ 在 $I$ 上是**单调增加**的,称区间 $I$ 是函数 $y=f(x)$ 的一个**单调增加区间**,如图 3-7(1) 所示.

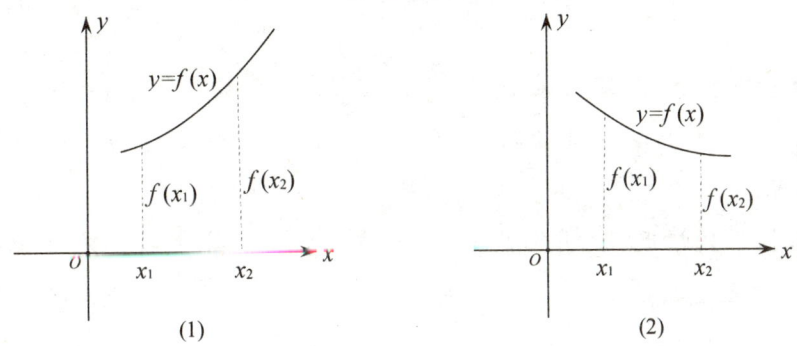

图 3-7

(2) 如果对任意的 $x_1, x_2 \in I$,当 $x_1 < x_2$ 时,都有
$$f(x_1) > f(x_2),$$
那么就称函数 $y=f(x)$ 在 $I$ 上是**减函数**或称 $y=f(x)$ 在 $I$ 上是**单调减少**的,称区间 $I$ 是函数 $y=f(x)$ 的一个**单调减少区间**,如图 3-7(2) 所示.

增函数和减函数都称为**单调函数**,单调增加区间和单调减少区间都称为**单调区间**. 如果一个函数在某个区间上是单调函数,那么就称这个函数在这一区间上具有**单调性**. 在单调区间上,增函数的图像自左向右是上升的,减函数的图像自左向右是下降的.

【**例 1**】 证明函数 $f(x) = 2x+1$ 在 **R** 上是增函数.

**证明** 设 $x_1, x_2$ 是 **R** 上的任意两个实数,且 $x_1 < x_2$,则
$$f(x_1) - f(x_2) = (2x_1+1) - (2x_2+1)$$

$$= 2(x_1 - x_2),$$

由 $x_1 < x_2$ 得 $\quad x_1 - x_2 < 0,$

于是 $\quad f(x_1) - f(x_2) < 0,$

即 $\quad f(x_1) < f(x_2),$

所以函数 $f(x) = 2x + 1$ 在 **R** 上是增函数.

1. 证明函数 $f(x) = -3x + 4$ 在 **R** 上是减函数.

2. 一次函数 $y = kx + b \ (k \neq 0)$, 当 $k \in \underline{\qquad}$ 时, 函数在 $(-\infty, +\infty)$ 上是增函数;当 $k \in \underline{\qquad}$ 时, 函数在 $(-\infty, +\infty)$ 上是减函数.

 习题 3.3

1. 设 $y = f(x)$ 是定义在区间 $[-5, 6]$ 上的函数. 如果 $y = f(x)$ 在区间 $[-5, -1], [2, 6]$ 上是减函数,在区间 $[-1, 2]$ 上是增函数,试画出它的一个大致的图像.

2. 根据下列情况,说明函数 $y = ax^2$ 在 $(0, +\infty)$ 上是否具有单调性;如果有,是增函数还是减函数.

   (1) $a < 0$;   (2) $a > 0$.

3. 证明函数 $f(x) = \dfrac{1}{3}x + 5$ 在 **R** 上是增函数.

4. 判断函数 $y = \dfrac{1}{x}$ 在 $(0, +\infty)$ 上的增减性.

## §3.4 奇函数与偶函数

### 1. 奇函数

我们考察函数
$$f(x) = 3x, \quad g(x) = x^3$$
在 $x$ 和 $-x$ 处的函数值:

$$f(x)=3x, \quad f(-x)=3(-x)=-3x;$$
$$g(x)=x^3, \quad g(-x)=(-x)^3=-x^3.$$

它们在 $x$ 处的函数值和在 $-x$ 处的函数值都分别互为相反数,即
$$f(-x)=-f(x), \quad g(-x)=-g(x).$$

一般地,我们给出下面的定义.

如果对于函数 $y=f(x)$ 的定义域内任意一个 $x$,都有
$$f(-x)=-f(x),$$
那么称函数 $y=f(x)$ 为**奇函数**.

由上述定义可知,奇函数的图像关于原点对称;反之,图像关于原点对称的函数是奇函数.

**【例 1】** 判断下列函数是不是奇函数:

(1) $f(x)=\dfrac{1}{x}$；　　(2) $f(x)=-x^3$；

(3) $f(x)=x-1$；　　(4) $f(x)=x+x^3$, $x\in(0,+\infty)$.

**解** (1) 函数 $f(x)=\dfrac{1}{x}$ 的定义域为 $D=\{x|x\neq 0\}$,当 $x\in D$ 时,$-x\in D$.
$$f(-x)=\dfrac{1}{-x}=-\dfrac{1}{x}=-f(x),$$

所以函数 $f(x)=\dfrac{1}{x}$ 是奇函数.

(2) 函数 $f(x)=-x^3$ 的定义域为实数集 **R**,当 $x\in \mathbf{R}$ 时,$-x\in \mathbf{R}$.
$$f(-x)=-(-x)^3=-(-x^3)=-f(x),$$

所以函数 $f(x)=-x^3$ 是奇函数.

(3) 函数 $f(x)=x-1$ 的定义域为实数集 **R**,当 $x\in \mathbf{R}$ 时,$-x\in \mathbf{R}$.
$$f(-x)=-x-1=-(x+1),$$
$$-f(x)=-(x-1),$$
$$f(-x)\neq -f(x),$$

所以函数 $f(x)=x-1$ 不是奇函数.

(4) 函数 $f(x)=x+x^3$ 的定义域是 $(0,+\infty)$,当 $x\in(0,+\infty)$ 时,$-x\notin(0,+\infty)$,所以函数 $f(x)=x+x^3$, $x\in(0,+\infty)$ 不是奇函数.

## 2. 偶函数

我们考察函数

$$f(x)=x^2, \quad g(x)=3x^4$$

在 $x$ 和 $-x$ 处的函数值：

$$f(x)=x^2, \quad f(-x)=(-x)^2=x^2;$$
$$g(x)=3x^4, \quad g(-x)=3(-x)^4=3x^4.$$

它们在 $x$ 处的函数值和在 $-x$ 处的函数值都分别相等，即

$$f(-x)=f(x), \quad g(-x)=g(x).$$

一般地，我们给出下面的定义：

如果对于函数 $y=f(x)$ 的定义域内任意一个 $x$，都有

$$f(-x)=f(x),$$

那么称函数 $y=f(x)$ 为**偶函数**.

由上述定义可得，偶函数的图像关于 $y$ 轴对称；反之，图像关于 $y$ 轴对称的函数是偶函数.

【例 2】判断下列函数是不是偶函数：

(1) $f(x)=x^{-4}$；  (2) $f(x)=x^2-1$；

(3) $f(x)=x^2, x\in(0,+\infty)$；  (4) $f(x)=x^2+x^3$.

**解** (1) 函数 $f(x)=x^{-4}$ 的定义域为 $D=\{x\mid x\neq 0\}$，当 $x\in D$ 时，$-x\in D$.

$$f(-x)=(-x)^{-4}=x^{-4}=f(x),$$

所以函数 $f(x)=x^{-4}$ 是偶函数.

(2) 函数 $f(x)=x^2-1$ 的定义域为实数集 **R**，当 $x\in\mathbf{R}$ 时，$-x\in\mathbf{R}$.

$$f(-x)=(-x)^2-1=x^2-1=f(x),$$

所以函数 $f(x)=x^2-1$ 是偶函数.

(3) 函数 $f(x)=x^2$ 的定义域是 $(0,+\infty)$，当 $x\in(0,+\infty)$ 时，$-x\notin(0,+\infty)$，所以函数 $f(x)=x^2, x\in(0,+\infty)$ 不是偶函数.

(4) 函数 $f(x)=x^2+x^3$ 的定义域为实数集 **R**，当 $x\in\mathbf{R}$ 时，$-x\in\mathbf{R}$.

$$f(-x)=(-x)^2+(-x)^3=x^2-x^3,$$
$$f(-x)\neq f(x),$$

所以函数 $f(x)=x^2+x^3$ 不是偶函数.

当函数 $y=f(x)$ 是奇函数或偶函数时，称 $y=f(x)$ 具有**奇偶性**；当 $y=f(x)$ 既不是奇函数也不是偶函数时，称 $y=f(x)$ 是**非奇非偶函数**.

【例 3】判断下列函数是奇函数、偶函数还是非奇非偶函数：

(1) $f(x)=x^{-2}+x^4$；　　　　(2) $f(x)=3x-4x^5$；

(3) $f(x)=x^2-3x-4$.

**解**　(1) 函数 $f(x)=x^{-2}+x^4$ 的定义域为 $D=\{x\mid x\neq 0\}$，当 $x\in D$ 时，$-x\in D$.

$$f(-x)=(-x)^{-2}+(-x)^4=x^{-2}+x^4=f(x),$$

所以函数 $f(x)=x^{-2}+x^4$ 是偶函数.

(2) 函数 $f(x)=3x-4x^5$ 的定义域为实数集 $\mathbf{R}$，当 $x\in\mathbf{R}$ 时，$-x\in\mathbf{R}$.

$$f(-x)=3(-x)-4(-x)^5=-3x+4x^5=-(3x-4x^5)=-f(x),$$

所以函数 $f(x)=3x-4x^5$ 是奇函数.

(3) 函数 $f(x)=x^2-3x-4$ 的定义域为实数集 $\mathbf{R}$，当 $x\in\mathbf{R}$ 时，$-x\in\mathbf{R}$.

$$f(-x)=(-x)^2-3(-x)-4=x^2+3x-4,$$
$$f(-x)\neq f(x)\text{且}f(-x)\neq -f(x),$$

所以函数 $f(x)=x^2-3x-4$ 是非奇非偶函数.

在奇函数和偶函数的定义中，都要求函数的定义域关于原点对称. 如果一个函数的定义域不关于原点对称，那么这个函数是非奇非偶函数.

根据奇函数、偶函数图像的对称性，在作奇函数、偶函数的图像时，可以先作出图像在 $y$ 轴左侧(或右侧)的那一部分，然后利用对称性再作出图像在 $y$ 轴右侧(或左侧)的另一部分.

**练习**

1. 判断下列函数是否为奇函数：

   (1) $f(x)=x^3$；　　　　(2) $f(x)=x+\dfrac{1}{x}$；

   (3) $f(x)=x,x\in(0,+\infty)$.

2. 判断下列函数是否为偶函数：

   (1) $f(x)=x^2$；　　　　(2) $f(x)=x^2+1$；

   (3) $f(x)=x^2+x^4,x\in(0,+\infty)$.

3. 判断下列函数是奇函数、偶函数还是非奇非偶函数：

   (1) $f(x)=2x^{-2}-x^4$；　　　　(2) $f(x)=5x^5-2x^3$；

   (3) $f(x)=x^2+2x-4$.

4. 设函数 $y=f(x),x\in[-4,4]$，如图 3-8 所示已画出它在 $y$ 轴左侧的

那一部分的图像.试根据下列条件,画出函数图像的另一部分:

(1) $f(x)$ 为奇函数;    (2) $f(x)$ 为偶函数.

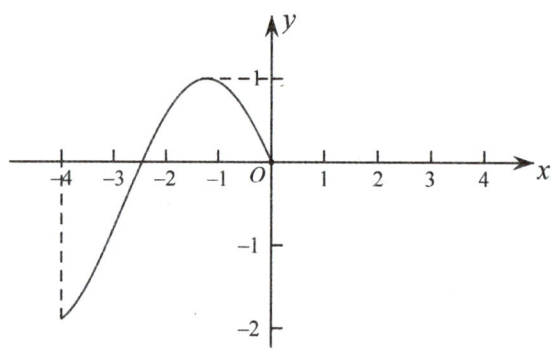

图 3-8

5. 若点 $(-4,5)$ 在奇函数 $y=f(x)$ 的图像上,则点_____也一定在 $y=f(x)$ 的图像上;若点 $(-4,5)$ 在偶函数 $y=f(x)$ 的图像上,则点_____也一定在 $y=f(x)$ 的图像上.

6. 判断下列论断是否正确,如不正确加以改正:

(1) 一个函数的定义域关于原点对称,那么这个函数是奇函数;

(2) 如果一个函数是奇函数,那么它的定义域关于原点对称;

(3) 一个函数的图像关于 $y$ 轴对称,那么这个函数是偶函数,反之亦然;

(4) 一个函数的图像关于原点对称,那么这个函数是偶函数,反之亦然.

 习题 3.4

1. 判断下列函数是否为奇函数:

(1) $f(x)=x^5$;    (2) $f(x)=\dfrac{1}{x^3}$;

(3) $f(x)=\dfrac{1}{x}, x\in(0,+\infty)$.

2. 判断下列函数是否是偶函数:

(1) $f(x)=\dfrac{1}{x^2}$;    (2) $f(x)=|x|$;

(3) $f(x)=x^2+x$.

3. 判断下列函数是奇函数、偶函数还是非奇非偶函数：

(1) $f(x)=5x+2$；　　　(2) $f(x)=x^2-4$；

(3) $f(x)=x^2-2x+1$；　(4) $f(x)=x+\dfrac{2}{x^3}$；

(5) $f(x)=x^2+\dfrac{5}{x^6}$；　(6) $f(x)=|2-x|$.

4. 已知 $f(x)$ 为奇函数且 $f(-6)=2$，那么 $f(6)=$ _____；如果 $g(x)$ 为偶函数且 $g(-6)=2$，那么 $g(6)=$ _____.

5. 已知函数 $f(x)$ 在区间 $[0,a]$ $(a>0)$ 上是增函数：

(1) 若 $f(x)$ 又是奇函数，那么 $f(x)$ 在 $[-a,0]$ 上是增函数还是减函数？

(2) 若 $f(x)$ 又是偶函数，那么 $f(x)$ 在 $[-a,0]$ 上是增函数还是减函数？

6. 已知 $f(x)$ 是奇函数，$g(x)$ 是偶函数，$G(x)=f(x) \cdot g(x)$ 是奇函数吗？

7. 如果函数 $f(x),g(x)$ 都是偶函数，$F(x)=f(x)+g(x)$ 是偶函数还是奇函数？为什么？

## §3.5 一元二次函数

一元二次函数的一般形式为 $y=ax^2+bx+c$ ($a,b,c$ 为常数，$a\neq 0$).

任何一个一元二次函数 $y=ax^2+bx+c$ ($a,b,c$ 为常数，$a\neq 0$) 都可配方为

$$y=ax^2+bx+c=a\left(x+\dfrac{b}{2a}\right)^2+\dfrac{4ac-b^2}{4a}$$

的形式. 下面我们利用此结论作函数的图像.

【例1】作函数 $y=\dfrac{1}{2}x^2+4x+6$ 的图像.

**解** 配方得 $y=\dfrac{1}{2}(x+4)^2-2$. 对任意实数 $x$，有 $\dfrac{1}{2}(x+4)^2\geqslant 0$，所以 $f(x)\geqslant -2$，当且仅当 $x=-4$ 时取等号，即 $f(-4)=-2$，该函数在 $x=-4$ 时取最小值 $-2$.

以 $x=-4$ 为中间值，取 $x$ 的一些值，列出这个函数的对应值，如表 3-5 所示.

表 3-5　以 $x=-4$ 为中间值，函数的对应值

| $x$ | … | $-7$ | $-6$ | $-5$ | $-4$ | $-3$ | $-2$ | $-1$ | … |
|---|---|---|---|---|---|---|---|---|---|
| $y$ | … | $\dfrac{5}{2}$ | $0$ | $-\dfrac{3}{2}$ | $-2$ | $-\dfrac{3}{2}$ | $0$ | $\dfrac{5}{2}$ | … |

在平面直角坐标系内描点作图，如图 3-9 所示.

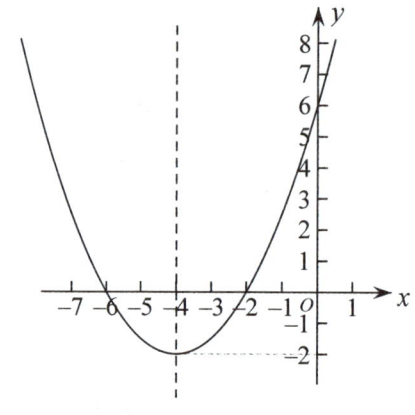

图 3-9

由表 3-5 和图 3-9 可以看出，函数 $y=\dfrac{1}{2}x^2+4x+6$ 的图像是一条开口向上并且关于直线 $x=-4$ 对称的抛物线.

【例 2】作函数 $y=-x^2-4x+3$ 的图像.

**解**　配方得 $y=-(x+2)^2+7$. 对任意实数 $x$，有 $-(x+2)^2\leqslant 0$，所以 $f(x)\leqslant 7$，当且仅当 $x=-2$ 时取等号，即 $f(-2)=7$，该函数在 $x=-2$ 时取最大值 7.

以 $x=-2$ 为中间值，取 $x$ 的一些值，列出这个函数的对应值，如表 3-6 所示.

表 3-6　以 $x=-2$ 为中间值，函数的对应值

| $x$ | … | $-5$ | $-4$ | $-3$ | $-2$ | $-1$ | $0$ | $1$ | … |
|---|---|---|---|---|---|---|---|---|---|
| $y$ | … | $-2$ | $3$ | $6$ | $7$ | $6$ | $3$ | $-2$ | … |

在平面直角坐标系内描点作图，如图 3-10 所示.

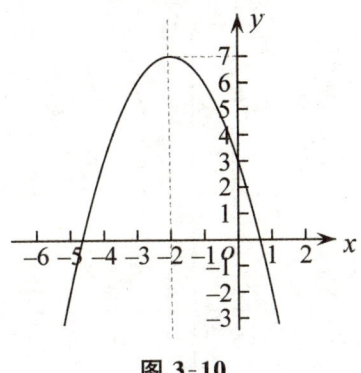

图 3-10

由表 3-6 和图 3-10 可以看出,函数 $y=-x^2-4x+3$ 的图像是一条开口向下并且关于直线 $x=-2$ 对称的抛物线.

从以上两例我们可以得出一元二次函数 $y=ax^2+bx+c$ 的性质:

(1) 函数定义域是 $(-\infty,+\infty)$.

(2) 函数的图像是一条抛物线,顶点坐标是 $\left(-\dfrac{b}{2a},\dfrac{4ac-b^2}{4a}\right)$,对称轴是 $x=-\dfrac{b}{2a}$.

(3) 当 $a>0$ 时,函数图像开口向上,在 $x=-\dfrac{b}{2a}$ 处取最小值 $f\left(-\dfrac{b}{2a}\right)=\dfrac{4ac-b^2}{4a}$;在区间 $\left(-\infty,-\dfrac{b}{2a}\right]$ 上是减函数,在区间 $\left[-\dfrac{b}{2a},+\infty\right)$ 上是增函数.

(4) 当 $a<0$ 时,函数图像开口向下,在 $x=-\dfrac{b}{2a}$ 处取最大值 $f\left(-\dfrac{b}{2a}\right)=\dfrac{4ac-b^2}{4a}$;在区间 $\left(-\infty,-\dfrac{b}{2a}\right]$ 上是增函数,在区间 $\left[-\dfrac{b}{2a},+\infty\right)$ 上是减函数.

【例 3】 已知函数 $y=3x^2+2x+1$,求:

(1) 这个函数图像的开口方向、顶点坐标和对称轴;

(2) 这个函数的最值、单调区间,并画出它的图像.

**解** (1) 因为 $a=3>0$,所以函数图像开口向上;因为 $-\dfrac{b}{2a}=-\dfrac{1}{3}$,$\dfrac{4ac-b^2}{4a}=\dfrac{2}{3}$,所以顶点坐标为 $\left(-\dfrac{1}{3},\dfrac{2}{3}\right)$,对称轴为 $x=-\dfrac{1}{3}$.

(2) 该函数的最小值为 $f\left(-\dfrac{1}{3}\right)=\dfrac{2}{3}$;该函数在 $\left(-\infty,-\dfrac{1}{3}\right]$ 上是减函数,在 $\left[-\dfrac{1}{3},+\infty\right)$ 上是增函数;函数图像如图 3-11 所示.

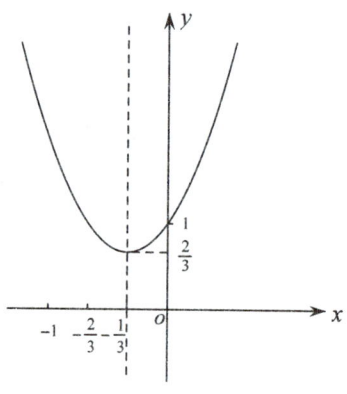

图 3-11

1. 用配方法求下列函数的最大值或最小值：
   (1) $y = x^2 + 8x + 3$；　　　(2) $y = -3x^2 + 5x - 8$.
2. 已知函数 $y = -2x^2 + x - 1$，求：
   (1) 这个函数图像的开口方向、顶点坐标和对称轴；
   (2) 这个函数的最值、单调区间，并画出它的图像.

 习题 3.5

1. 已知函数 $y = 2x^2 - 4x - 1$，求：
   (1) 这个函数图像的开口方向、顶点坐标和对称轴；
   (2) 这个函数的最值、单调区间，并画出它的图像.

2. 已知函数 $y = -2x^2 + x - 4$，当 $x <$ ＿＿＿＿ 时，$y$ 随 $x$ 的增大而增大；当 $x >$ ＿＿＿＿ 时，$y$ 随 $x$ 的增大而减小；当 $x =$ ＿＿＿＿ 时，$y$ 最＿＿＿＿.

3. 已知函数 $y = x^2 - 2x - 3$，不用计算，利用性质比较 $f(-3)$ 和 $f(5)$，$f(-2)$ 和 $f(4)$ 的大小.

4. 一个一元二次函数的图像经过 $(0,0)$，$(-1,-1)$，$(1,9)$ 三点，求这个一元二次函数的解析式.

## §3.6 反 函 数

在函数 $y=2x+4$ $(x\in \mathbf{R})$ 中,$x$ 是自变量,$y$ 是 $x$ 的函数.由 $y=2x+4$ 可以得到式子 $x=\dfrac{y}{2}-2$ $(y\in \mathbf{R})$.这样,对于 $y$ 在 $\mathbf{R}$ 中任何一个值,通过式子 $x=\dfrac{y}{2}-2$,$x$ 在 $\mathbf{R}$ 中都有唯一的值和它对应.也就是说,可以把 $y$ 作为自变量 $(y\in \mathbf{R})$,$x$ 作为 $y$ 的函数,这时我们就说 $x=\dfrac{y}{2}-2$ $(y\in \mathbf{R})$ 是函数 $y=2x+4$ $(x\in \mathbf{R})$ 的反函数.

**定义 1** 设函数 $y=f(x)$ 的定义域为 $D$,值域为 $M$.根据 $y=f(x)$,用 $y$ 把 $x$ 表示出来,得到 $x=\varphi(y)$.如果对于 $y$ 在 $M$ 中的任何一个值,通过 $x=\varphi(y)$,$x$ 在 $D$ 中都有唯一的值和它对应,那么,$x=\varphi(y)$ 就表示 $y$ 是自变量,$x$ 是自变量 $y$ 的函数.这样的函数 $x=\varphi(y)$ $(y\in M)$ 叫作函数 $y=f(x)$ $(x\in D)$ 的**反函数**,记作
$$x=f^{-1}(y).$$

在函数 $x=f^{-1}(y)$ 中,$y$ 是自变量,$x$ 表示函数.但习惯上,人们一般用 $x$ 表示自变量,$y$ 表示函数,为此人们常常对调函数 $x=f^{-1}(y)$ 中的字母 $x,y$,把它改写成 $y=f^{-1}(x)$.今后如不特别说明,函数 $y=f(x)$ 的反函数均指 $y=f^{-1}(x)$.

在上面的例子 $y=2x+4$ $(x\in \mathbf{R})$ 中,其反函数为 $y=\dfrac{x}{2}-2$ $(x\in \mathbf{R})$.

从反函数的定义可以看出:

(1) 函数 $y=f(x)$ 的反函数 $y=f^{-1}(x)$ 的定义域是函数 $y=f(x)$ 的值域,$y=f^{-1}(x)$ 的值域是 $y=f(x)$ 的定义域;

(2) 当函数 $y=f(x)$ 有反函数 $y=f^{-1}(x)$ 时,函数 $y=f^{-1}(x)$ 也有反函数,其反函数就是 $y=f(x)$,即函数 $y=f(x)$ 与 $y=f^{-1}(x)$ 互为反函数;

(3) 不是所有的函数都有反函数,如函数 $y=x^2$ 就没有反函数.

**【例 1】** 求下列函数的反函数:

(1) $y=1-3x$;　　　　(2) $y=x^2+3$,$x\in [0,+\infty)$;

(3) $y=\sqrt{x}-1$;   (4) $y=\dfrac{x-1}{x+1}$.

**解** (1) 由 $y=1-3x$ 得
$$x=\dfrac{1-y}{3},$$
所以函数 $y=1-3x$ 的反函数是 $y=\dfrac{1-x}{3}$ $(x\in \mathbf{R})$.

(2) 由 $y=x^2+3$ 得
$$x=\sqrt{y-3}, \quad x\in[0,+\infty),$$
所以函数 $y=x^2+3$ 的反函数是 $y=\sqrt{x-3}$ $(x\geqslant 3)$.

(3) 函数 $y=\sqrt{x}-1$ 的定义域为 $[0,+\infty)$,由 $y=\sqrt{x}-1$ 得
$$x=(1+y)^2 \, (y\geqslant -1),$$
所以函数 $y=\sqrt{x}-1$ 的反函数是 $y=(1+x)^2 \, (x\geqslant -1)$.

(4) 函数 $y=\dfrac{x-1}{x+1}$ 的定义域为 $(-\infty,-1)\cup(-1,+\infty)$,由 $y=\dfrac{x-1}{x+1}$ 得
$$x=\dfrac{1+y}{1-y} \, (y\neq 1),$$
所以函数 $y=\dfrac{x-1}{x+1}$ 的反函数是 $y=\dfrac{1+x}{1-x} \, (x\neq 1)$.

函数 $y=f(x)$ 与反函数 $y=f^{-1}(x)$ 在同一直角坐标系中图像间有什么关系呢?请看下面的例题.

**【例 2】** 求函数 $y=3x+1$ 的反函数,并在同一坐标系中画出它们的图像.

**解** 由 $y=3x+1$,得 $x=\dfrac{y-1}{3}$,所以函数 $y=3x+1$ 的反函数是 $y=\dfrac{x-1}{3}$ $(x\in \mathbf{R})$.

函数 $y=3x+1$ 与它的反函数 $y=\dfrac{x-1}{3}$ $(x\in \mathbf{R})$ 的图像,如图 3-12 所示.

从图 3-12 可以看出,函数 $y=3x+1$ 与它的反函数 $y=\dfrac{x-1}{3}$ $(x\in \mathbf{R})$ 的图像关于直线 $y=x$ 对称.一般地,在同一直角坐标系中,函数 $y=f(x)$ 的图像与它的反函数 $y=f^{-1}(x)$ 图像关于直线 $y=x$ 对称.今后我们也可利用上述互为反函数的函数图像间的关系,由函数 $y=f(x)$ 的图像作出它的反函数 $y=f^{-1}(x)$ 的图像.

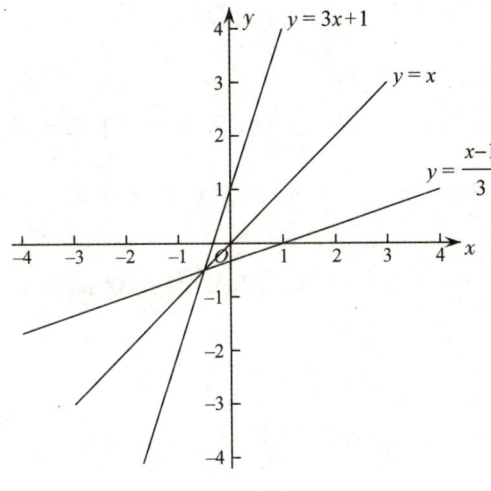

图 3-12

1. 求下列函数的反函数：

(1) $y = -3x + 2$；  (2) $y = -\dfrac{1}{x}$；

(3) $y = \sqrt{x}$；  (4) $y = \dfrac{x}{2x+1}$.

2. 在平面直角坐标系中，画出直线 $y = x$，然后找出下面各点关于直线 $y = x$ 的对称点，并写出它们的坐标：

$A(3,4)$，$B(-5,0)$，$C(-2,-3)$，$D(0,-2)$，$E(3,3)$.

3. 求函数 $y = 4x - 1$ 的反函数，并在同一平面直角坐标系中根据 $y = 4x - 1$ 的图像，利用对称性作出其反函数的图像.

习题 3.6

1. 求下列函数的反函数：

(1) $y = 5x + 4$；  (2) $y = 6 - x^2$，$x \in [0, +\infty)$；

(3) $y = \sqrt{2x - 1}$；  (4) $y = \dfrac{3x-1}{2x+1}$；

(5) $y = 1 + \dfrac{1}{2x+1}$.

2. 求下列函数的反函数，并在同一平面直角坐标系中画出它们的图像.

(1) $y=x+1$；  (2) $y=4x-1$；

(3) $y=x^2, x\in[0,+\infty)$.

3. 求函数 $y=3|x|, x\in[0,+\infty)$ 的反函数，并指出反函数的定义域.

4. 已知函数 $y=\dfrac{1}{5}x+b$ 与 $y=ax+3$ 互为反函数，求常数 $a,b$ 的值.

5. 求证函数 $y=\dfrac{1-x}{1+x}(x\neq -1)$ 的反函数是该函数自身.

## §3.7 复合函数

设函数 $y=f(u), u\in D$；函数 $u=\varphi(x), x\in I$，其值域为 $M$. 若 $M\cap D\neq\varnothing$，则函数 $y=f[\varphi(x)]$ 称为由函数 $y=f(u)$ 与函数 $u=\varphi(x)$ 复合而成的**复合函数**，其中 $u$ 称为中间变量.

【例1】求由函数 $y=\sqrt{u}, u=4x+1$ 复合而成的复合函数.

**解** 将 $u=4x+1$ 代入 $y=\sqrt{u}$ 得这两个函数复合而成的复合函数 $y=\sqrt{4x+1}$.

【例2】写出复合函数 $y=\sqrt{x^2+2x-3}$ 的复合过程.

**解** 函数 $y=\sqrt{x^2+2x-3}$ 是由 $y=\sqrt{u}$ 与 $u=x^2+2x-3$ 复合而成的.

【例3】设 $f(x)=x^2, g(x)=\sqrt{2x+1}$，求复合函数 $f[g(x)], g[f(x)]$.

**解** $f[g(x)]=[g(x)]^2=(\sqrt{2x+1})^2=2x+1$，$g[f(x)]=\sqrt{2f(x)+1}=\sqrt{2x^2+1}$.

复合函数还可以由两个以上的函数复合而成. 例如，$y=f(u), u=\varphi(v), v=\psi(x)$ 在一定条件下可复合成复合函数 $y=f\{\varphi[\psi(x)]\}$，其中 $u,v$ 都是中间变量.

**练习**

1. 求由函数 $y=\sqrt{u}, u=2-3x$ 复合而成的复合函数.

2. 写出下列复合函数的复合过程：

(1) $y=\sqrt{4-2x}$;　　　(2) $y=\sqrt{x^2+3}$;

(3) $y=\sqrt{\dfrac{1}{x+1}}$.

 习题 3.7

1. 写出下列复合函数的复合过程：

(1) $y=\sqrt{1-4x}$;　　　(2) $y=\sqrt{x^2+10}$;

(3) $y=\sqrt{x^2+5x+1}$;　　(4) $y=\sqrt{\dfrac{2}{x-1}}$.

2. 若函数 $f(x)=x^2, g(x)=\sqrt{1-3x}$，求 $f[g(x)], g[f(x)]$.

3. 函数 $y=\sqrt{u}, u=-1-x^2$ 能否构成一个复合函数？

4. 设函数 $f(x)=\dfrac{x}{1+x}$，求 $f[f(x)]$.

## §3.8　分段函数

在研究函数时，有时变量 $x$ 和 $y$ 之间的关系比较复杂，需要用几个式子来表示．我们看下面几个例子．

(1) $y=\begin{cases}-1, & 0<x\leqslant 1; \\ 0, & 1<x\leqslant 2; \\ 2, & 2<x\leqslant 3.\end{cases}$　　(2) $y=\begin{cases}1, & x\in[-1,0); \\ -1, & x\in[0,1].\end{cases}$

(3) $y=\begin{cases}3x, & 0\leqslant x\leqslant 1; \\ 3, & 1<x\leqslant 3; \\ 3-x, & 3<x\leqslant 5.\end{cases}$　　(4) $y=\begin{cases}x+1, & x<0; \\ 0, & x=0; \\ x-1, & x>0.\end{cases}$

这些在定义域内的不同区间上用不同的解析式来表示的函数，称为**分段函数**．分段函数是定义域上的一个函数，不能理解为多个函数，其定义域是各部分的并集．对分段函数求函数值时，应该把自变量的值代入相应区间的解析式中去计算．作图时分段进行，各部分合起来就是分段函数的图像．

【例1】作出函数 $y=|x|$ 的图像.

**解** $y=|x|=\begin{cases} x, & x\geq 0; \\ -x, & x<0. \end{cases}$

因为 $x\geq 0$ 时,$y=x$,所以函数这一部分的图像是直线 $y=x$ 在 $x=0$(含 $x=0$ 对应的点)右边的那一部分;又当 $x<0$ 时,$y=-x$,所以函数这一部分的图像是直线 $y=-x$ 在 $x=0$ 左边的那一部分.上面两部分合起来就是函数 $y=|x|$ 的图像,如图 3-13 所示.

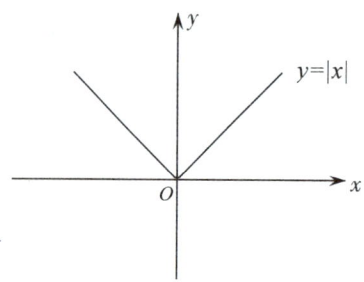

**图 3-13**

【例2】设函数 $y=\begin{cases} x+1, & x<0; \\ 0, & x=0; \\ x-1, & x>0. \end{cases}$

(1) 求函数的定义域;

(2) 计算 $f(-5),f(0),f\left(\dfrac{3}{2}\right)$ 的值;

(3) 画出函数图像.

**解** (1) 函数的定义域为 $(-\infty,0)\cup[0,+\infty)=\mathbf{R}$.

(2) 因为 $-5\in(-\infty,0)$,所以 $f(-5)=-5+1=-4$;

$f(0)=0$;

因为 $\dfrac{3}{2}\in(0,+\infty)$,所以 $f\left(\dfrac{3}{2}\right)=\dfrac{3}{2}-1=\dfrac{1}{2}$.

(3) 因为 $x<0$ 时,$y=x+1$,所以函数这一部分的图像是直线 $y=x+1$ 在 $x=0$ 左边的那一部分;当 $x=0$ 时,$y=0$,即原点;因为 $x>0$ 时,$y=x-1$,所以函数这一部分的图像是直线 $y=x-1$ 在 $x=0$ 右边的那一部分.上面三部分合起来就是函数 $y=\begin{cases} x+1, & x<0; \\ 0, & x=0; \\ x-1, & x>0 \end{cases}$ 的图像,如图 3-14 所示.

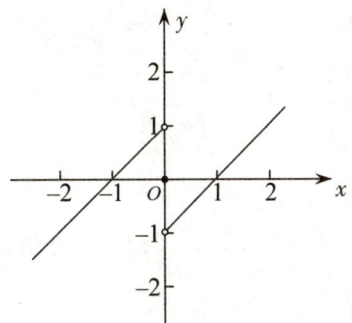

图 3-14

1. 已知函数 $f(x)=\begin{cases} x+1, & x\leqslant -1;\\ x, & -1<x\leqslant 3.\end{cases}$

    (1) 求函数的定义域；

    (2) 计算 $f(-10), f(0), f\left(\dfrac{3}{2}\right)$ 的值；

    (3) 画出函数图像.

2. 已知函数 $y=\begin{cases} 3x, & 0\leqslant x\leqslant 1;\\ 3, & 1<x\leqslant 3;\\ 3-x, & 3<x\leqslant 5.\end{cases}$

    (1) 求函数的定义域；

    (2) 计算 $f(2), f(4.5), f\left(\dfrac{1}{2}\right)$ 的值；

    (3) 画出函数图像.

习题 3.8

1. 已知函数 $f(x)=\begin{cases} 2, & 0\leqslant x\leqslant 3;\\ 3, & 3<x\leqslant 4;\\ 4, & 4<x\leqslant 6.\end{cases}$

    (1) 求函数的定义域；

    (2) 计算 $f(2), f(4.5), f(0.5), f(0), f(5)$ 的值；

    (3) 画出函数图像；

(4) 求函数的值域.

2. 已知函数 $f(x)=\begin{cases} x+1, & x\leqslant -1; \\ x^2, & x>-1. \end{cases}$

(1) 求函数的定义域;

(2) 计算 $f(-7), f(-1), f(0), f\left(\dfrac{5}{2}\right)$ 的值;

(3) 画出函数图像.

## 名 词 索 引

映射 mapping (59)　　　　　　象 image (60)

原象 preimage (60)　　　　　　单射 injection (60)

满射 surjection (61)　　　　　　一一映射 bijection (61)

函数 function (62)　　　　　　自变量 independent variable (62)

因变量 dependent variable (62)　定义域 domain (62)

值域 range (62)　　　　　　　增函数 increasing function (69)

减函数 decreasing function (69)　奇函数 odd function (71)

偶函数 even function (72)　　　顶点 vertex (77)

对称轴 axis of symmetry (77)　　最小值 minimum value (77)

最大值 maximum value (77)　　反函数 function inverse (79)

复合函数 composite function (82)

分段函数 piecewise function (83)

## 数 学 符 号

$f$　英文 function 的首字母,表示映射的对应法则,通常 $f(x)$ 表示一个函数.

$f(x)$　表示函数 $f$ 在点 $x$ 处的函数值.

$f:A\to B$　表示集合 $A$ 到集合 $B$ 的一个映射.

$D$　英文 domain 的首字母,有时用于表示函数的定义域.

$f^{-1}$　表示函数 $f$ 的反函数的符号.

## 常 用 公 式

(1) 若 $f(x)$ 为增函数,则

$$x_1 < x_2 \Leftrightarrow f(x_1) < f(x_2)$$

(2) 若 $f(x)$ 为减函数,则

$$x_1 < x_2 \Leftrightarrow f(x_1) > f(x_2)$$

(3) 若 $f(x)$ 为奇函数,则
$$f(-x) = -f(x), x \in D$$

(4) 若 $f(x)$ 为偶函数,则
$$f(-x) = f(x), x \in D$$

(5) 一元二次方程 $ax^2 + bx + c = 0$ 的求根公式:
$$x_1, x_2 = \frac{-b \pm \sqrt{b^2 - 4ac}}{2a}$$

(6) 一元二次函数 $y = ax^2 + bx + c$ 的最大(或最小)值为
$$y_{\max}\left(-\frac{b}{2a}\right) = \frac{4ac - b^2}{4a} \text{ 或 } y_{\min}\left(-\frac{b}{2a}\right) = \frac{4ac - b^2}{4a}$$

## 复 习 题 A

1. 选择题：

    (1) $A=\{1,2,3,4\}, B=\{2,4,6,8\}$，则 $A \to B$ 的对应法则为(　　).

    　　A. 加 1　　　　　　B. 平方

    　　C. 乘以 2　　　　　D. 乘以 3

    (2) $y=\dfrac{1}{\sqrt{x}}$ 的定义域是(　　).

    　　A. $\mathbf{R}$　　　　　　　B. $\{x \mid x>0\}$

    　　C. $\{x \mid x \geqslant 0\}$　　　D. $\{x \mid x \neq 0\}$

    (3) $f(x)=2x+b, f(-2)=-1$，则 $b=($ 　　).

    　　A. 1　　　B. 2　　　C. 3　　　D. 4

    (4) 下列函数是奇函数的是(　　).

    　　A. $y=x$　　　　　B. $y=\sqrt{x}$

    　　C. $y=x^2$　　　　D. 都不是

    (5) 下列函数在 $\mathbf{R}$ 上是增函数的是(　　).

    　　A. $y=-3x$　　　　B. $y=2x$

    　　C. $y=-x$　　　　　D. $y=-4x$

    (6) $y=2x(x \geqslant 1)$ 的反函数是(　　).

    　　A. $y=\dfrac{x}{2}(x \geqslant 2)$　　　B. $y=\dfrac{x}{2}(x \geqslant 1)$

    　　C. $y=\dfrac{x}{2}$　　　　　　D. $y=2x$

    (7) 下列一元二次函数开口向下的是(　　).

    　　A. $y=x^2$　　　　　B. $y=2x^2$

    　　C. $y=\dfrac{x^2}{2}$　　　　D. $y=-x^2$

    (8) $y=x^2$ 的对称轴是(　　).

    　　A. $x=0$　　　　　B. $x=1$

    　　C. $x=-1$　　　　D. $x=2$

    (9) 点 $A(2,3)$ 关于直线 $y=x$ 的对称点坐标是(　　).

A. $(2,-3)$    B. $(-2,3)$

C. $(-2,-3)$   D. $(3,2)$

(10) 下列在函数 $y=\dfrac{1}{x}$ 上的点是（    ）.

A. $\left(2,\dfrac{1}{2}\right)$    B. $\left(-2,\dfrac{1}{2}\right)$

C. $(-1,1)$    D. $(1,0)$

2. 填空题：

(1) 已知 $f(x)=\begin{cases} x, & x<-3; \\ x+5, & -3\leqslant x<0; \\ -3x, & x\geqslant 0, \end{cases}$ 则 $f(-1)=$＿＿＿＿，$f(0)=$＿＿＿＿，$f(f(2))=$＿＿＿＿．

(2) 函数 $y=2x^2-4x+1$ 开口向＿＿＿＿，对称轴是 $x=$＿＿＿＿，当 $x<$＿＿＿＿时，$y$ 随 $x$ 的增大而减小，当 $x>$＿＿＿＿时，$y$ 随 $x$ 的增大而增大，当 $x=$＿＿＿＿时，$y$ 最＿＿＿＿．

(3) 函数 $f(x)=x^2$，$g(x)=x+1$，则 $f[g(x)]=$＿＿＿＿，$g[f(x)]=$＿＿＿＿．

(4) $y=2x+1$ 的反函数是＿＿＿＿，该反函数在 **R** 上单调＿＿＿＿．

(5) 同一坐标系下，$y=f(x)$ 与 $y=f^{-1}(x)$ 的图像关于＿＿＿＿对称.

3. 判断题：

(1) $y=x^2$ 是增函数.                    （    ）

(2) $y=|x|$ 是偶函数.                    （    ）

(3) $y=\dfrac{1}{x}$ 在 $(0,+\infty)$ 上是减函数.       （    ）

(4) $y=x$ 的反函数是 $y=x$.              （    ）

(5) $y=-x^2-2x+3$ 有最小值 4.           （    ）

(6) 映射中，每一个象都有一个原象.         （    ）

(7) $y=\sqrt{x-3}$ 的定义域是 $\{x|x\geqslant 3\}$.    （    ）

(8) $y=x$ 与 $y=(\sqrt{x})^2$ 是同一函数.      （    ）

(9) $y=4x-1$ 的定义域是全体实数.         （    ）

4. 求函数 $y=\sqrt{3x-1}+\dfrac{1}{3-x}$ 的定义域.

5. 已知函数 $f(x)=ax+b$，且 $f(2)=1, f(-1)=0$，求 $a$ 与 $b$ 的值．

6. 已知函数 $y=-3x^2+6x-5$，求：

   （1）这个函数图像的开口方向、顶点坐标和对称轴；

   （2）这个函数的最值和单调区间，并画出它的图像．

# 复 习 题 B

1. 选择题：

   （1）图 3-15 表示四种对应关系，其中是映射的有（　　）．

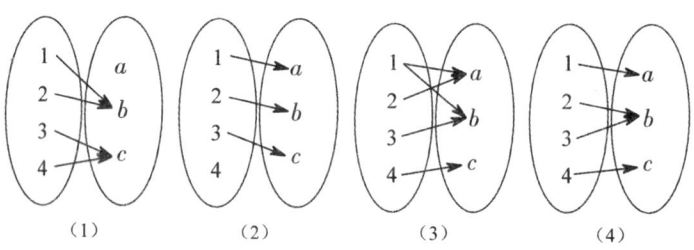

**图 3-15**

   A. 1 个　　　　　B. 2 个　　　　　C. 3 个　　　　　D. 4 个

   （2）下列各组函数中表示同一函数的是（　　）．

   A. $y=x$ 和 $y=\sqrt{x^2}$　　　　　B. $y=x$ 和 $y=\sqrt[3]{x^3}$

   C. $y=x$ 和 $y=\dfrac{x^2}{x}$　　　　　D. $y=x$ 和 $y=(\sqrt{x})^2$

   （3）函数 $y=\sqrt{x+1}-3$ 的反函数为（　　）．

   A. $y=(x+3)^2-1\ (x\geqslant 0)$　　B. $y=(x+3)^2-1\ (x\geqslant -1)$

   C. $y=(x+3)^2-1\ (x\geqslant -3)$　　D. $y=(x+3)^2-1\ (x\geqslant 3)$

   （4）函数 $y=2x^4+1, x\in(-4,4]$，则它是（　　）．

   A. 奇函数　　　　　　　　　　B. 偶函数

   C. 非奇非偶函数　　　　　　　D. 无法判断

   （5）若 $y=f(x)$ 为定义在 $(-\infty,+\infty)$ 上的偶函数，且 $f(x)$ 在 $(-\infty,0)$ 上为减函数，则 $f(-1), f(3), f(-5)$ 的大小关系是（　　）．

   A. $f(-1)>f(3)>f(-5)$　　B. $f(3)>f(-1)>f(-5)$

   C. $f(3)<f(-1)<f(-5)$　　D. $f(-1)<f(3)<f(-5)$

   （6）对于二次函数 $y=x^2-4x-1$，下述判断正确的是（　　）．

A. 在$(-\infty,+\infty)$上是增函数　　B. 在$(-\infty,2)$上是减函数

C. 在$(2,+\infty)$上是减函数　　D. 在$(-\infty,+\infty)$上是减函数

(7) 函数 $y=-x^2+4x-1, x\in[0,5]$,下面错误的结论是(　　).

　　A. $x=2$ 时 $y$ 取最大值　　B. $y$ 的最小值是 $-6$

　　C. $x=0$ 时 $y$ 取最小值　　D. $y$ 的最大值是 3

(8) 若函数 $f(x)=x^2+bx+6$ 且 $f(1)=1$,则 $f(4)$ 的值是(　　).

　　A. 2　　B. 10　　C. $-10$　　D. $-2$

(9) 函数 $y=-\sqrt{x}$ 的反函数的定义域为(　　).

　　A. $\{x|x\leqslant 0\}$　　B. $\{x|x>0\}$

　　C. $\mathbf{R}$　　D. $\{x|x\in\mathbf{R}$ 且 $x\neq 0\}$

(10) 下列各组函数中,表示同一函数的是(　　).

　　A. $y=(x-1)^0$ 与 $y=x^0$　　B. $y=(\sqrt{x})^2$ 与 $y=\sqrt{x^2}$

　　C. $y=|x|$ 与 $y=\sqrt{x^2}$　　D. $y=x$ 与 $y=(\sqrt{x})^2$

2. 填空题：

(1) 已知 $(x,y)$ 在映射 $f$ 下的象为 $(3x,x-y)$,则 $(2,4)$ 在 $f$ 下的原象是＿＿＿＿．

(2) 函数 $y=\dfrac{1}{\sqrt{x-2}}$ 的定义域是＿＿＿＿．

(3) 若函数 $f(x)=2x^2+1$,则 $f(x+1)=$ ＿＿＿＿．

(4) 函数 $y=f(x)$ 与它的反函数 $y=f^{-1}(x)$ 的图像关于直线＿＿＿＿对称．

(5) 若函数 $f(x)=4x-\sqrt{x^2-4x+4}$,则 $f(2)=$ ＿＿＿＿．

(6) 已知函数 $f(x)=\begin{cases} x+3, & x>0; \\ 2, & x=0; \\ 0, & x<0, \end{cases}$ 则 $f[f(-10)]=$ ＿＿＿＿．

(7) 若二次函数 $f(x)=x^2+2x+a$ 在区间 $[-3,2]$ 上的最大值是 4,则 $a=$ ＿＿＿＿．

(8) 一次函数的图像通过点 $(1,0)$ 和 $(0,2)$,则这个一次函数是＿＿＿＿．

(9) 函数 $f(x)=\dfrac{1}{2}x^2+2x-6$ 的图像的顶点坐标是＿＿＿＿,对称轴

是_____,与 $x$ 轴的交点坐标是_____.

(10) 若 $f(x+1)-f(x)=6x+4$,则函数 $f(x)=ax^2+bx+c$ 中,$a=$ _____,$b=$ _____.

3. 判断题:

(1) 从集合 $A$ 到集合 $B$ 的映射中,对于 $B$ 中任一元素一定有原象,但不一定唯一.                                    (  )

(2) 函数 $y=ax^2+bx+c$ 在 $(-\infty,+\infty)$ 上为减函数,只需 $a=0$,$b<0$.                                    (  )

(3) 若 $y_1=f(x)$ 为奇函数,$y_2=g(x)$ 为偶函数,且 $f(x)\cdot g(x)\neq 0$,则 $y=f(x)\cdot g(x)$ 是奇函数.                                    (  )

(4) 一个函数为偶函数是它的定义域关于坐标原点对称的必要条件,但非充分条件.                                    (  )

(5) 若 $f(x)=\begin{cases} x+2, & x\geq 0; \\ x+4, & x<0, \end{cases}$ 则 $f[f(-3)]=1$.                                    (  )

(6) 函数 $y=x^2-4x+1$ 在区间 $[2,+\infty)$ 上是减函数.                                    (  )

(7) 已知二次函数 $f(x)=2x^2+x-5$,则 $f(-1)<f(0)<f(2)$.                                    (  )

(8) 若函数 $y=f(x)$ 在给定的区间上,自变量减小时,函数值也减小,则函数 $y=f(x)$ 在这个区间上是减函数.                                    (  )

(9) 从集合 $M$ 到集合 $N$ 的映射中,对于 $M$ 中的两个不同的元素,在 $N$ 中所对应的象必不相同.                                    (  )

(10) 一个矩形的长与宽的和为 20,则矩形的面积 $S$ 和它的长 $a$ 之间的函数关系是 $S=a(20-a)(0<a\leq 20)$.                                    (  )

4. 解答下列各题:

(1) 已知函数 $y=kx+2$ 与 $y=2x+m$ 互为反函数,求 $k,m$ 的值.

(2) 作函数 $f(x)=\begin{cases} 3-x, & -1<x<0; \\ x^2, & 0\leq x<1; \\ x-3, & 1\leq x<2 \end{cases}$ 的图像,并指出各区间上函数的单调性.

(3) 设 $f(x)$ 是一次函数,若 $f[f(x)]=4x+3$ 且 $f(2)=5$,求 $f(x)$.

5. 求下列函数的定义域:

(1) $y=\dfrac{1}{5x-1}$;  (2) $y=\sqrt{6-x}+\dfrac{1}{\sqrt{x-1}}$;

(3) $y=\dfrac{x+2}{\sqrt{x^2+x-2}}$.

6. 判断下列函数是奇函数、偶函数还是非奇非偶函数：

(1) $y=4x^2+x^6+7$;  (2) $y=\dfrac{3x^4-1}{3x^3}$;

(3) $y=2x^2+3x$.

7. 已知二次函数的图像的顶点坐标是 $(1,4)$，它与 $x$ 轴的一个交点坐标是 $(3,0)$，求这个二次函数.

8. 求函数 $y=\sqrt{x-1}+7$ 的反函数.

9. 用定义证明函数 $f(x)=9+4x$ 在 $(-\infty,+\infty)$ 上是增函数.

10. 用定义证明函数 $f(x)=\dfrac{1}{x}$ 在 $(-\infty,0)$ 上是减函数.

# 第4章 幂函数、指数函数与对数函数

幂函数、指数函数和对数函数是数学中非常重要的三类函数,它们在金融学、生物学、社会学和工程技术等领域都有着广泛的应用.本章学习的主要内容是整数指数幂、分数指数幂、幂函数、指数函数、对数与对数函数等.

## §4.1 指　　数

### 1. 整数指数幂

在乘方的概念中,我们知道:

$5 \times 5 = 5^2$,

$5 \times 5 \times 5 = 5^3$,

……

$5 \times 5 \times \cdots \times 5 = 5^n$($n$ 个 5 连乘).

以此类推:当有 $n$ 个 $a$ 连乘时,就可以记作 $a^n$,即 $a \times a \times \cdots \times a = a^n$($n$ 个 $a$ 连乘).

**定义 1**　一般地,$a^n (n \in \mathbf{N}^+)$ 叫作 $a$ 的 $n$ 次幂,$a$ 叫作幂的底数,$n$ 叫作幂的指数,并且规定 $a^1 = a$. 我们注意到在 $a$ 的 $n$ 次幂定义中,$n$ 是正整数,因此通常又把它称为正整数指数幂.

容易验证,正整数指数幂的运算满足如下法则:

(1) $a^m a^n = a^{m+n}$;

(2) $(a^m)^n = a^{mn}$;

(3) $\dfrac{a^m}{a^n} = a^{m-n} (m > n, a \neq 0)$;

(4) $(ab)^n = a^n b^n$.

在法则(3)中规定了 $m>n$,如果取消这个限制,就需要讨论下面两种情形:

(1) 当 $m<n$ 时,幂的商有如下运算:
$$\frac{5^3}{5^5} = \frac{1}{5^2},$$

依照法则(3)则有
$$\frac{5^3}{5^5} = 5^{3-5} = 5^{-2}, \quad 即 \ 5^{-2} = \frac{1}{5^2}.$$

这就说明当指数为负整数时,幂的值是有意义的.

此时规定
$$a^{-n} = \frac{1}{a^n} (n \in \mathbf{N}^+, a \neq 0),$$

$a^{-n}$ 叫作 **负整数指数幂**.

(2) 当 $m=n$ 时,幂的商有如下运算:
$$\frac{5^3}{5^3} = 1 \ 且 \ \frac{5^3}{5^3} = 5^{3-3} = 5^0, \ 故 \ 5^0 = 1.$$

这说明当指数为零时,幂的值是有意义的.

此时规定
$$a^0 = 1 (a \neq 0),$$

$a^0$ 叫作 **零指数幂**,又叫 **零次幂**. 但是 $0^0$ 是无意义的.

正整数指数幂、负整数指数幂、零指数幂统称为 **整数指数幂**. 正整数指数幂的运算法则对整数指数幂仍然是成立的. 特别地,有
$$a^0 = 1 (a \neq 0),$$
$$a^{-n} = \frac{1}{a^n} (n \in \mathbf{N}^+, a \neq 0).$$

 练习

1. 计算题:

(1) $x^7 x^{-11}$;    (2) $(-3m)^3$;    (3) $\left(-\frac{2}{3}\right)^4$;    (4) $\left(-\frac{2}{3}x\right)^3$;

(5) $(nm)^{-3}$;    (6) $(abc)^5$;    (7) $\frac{x^3}{x^{-14}}$.

2. 填空题：

(1) $3^0 = $ _____；  (2) $\left(-\dfrac{1}{3}\right)^0 = $ _____；

(3) $(m-n)^0 = $ _____ $(m \neq n)$；  (4) $2^{-3} = $ _____；

(5) $3^{-3} = $ _____；  (6) $10^{-3} = $ _____.

3. 将下列代数式都化为幂或幂的乘积形式：

(1) $\dfrac{1}{25}$；  (2) $\dfrac{1}{b^5}$；  (3) $\dfrac{1}{c^{-4}}$；  (4) $\dfrac{1}{b^{-4}c}$；  (5) $\dfrac{(a^{-2})^3}{b^{-4}c}$.

## 2. 根式

**定义 2** 一般地，如果 $x^n = a(n>1, n \in \mathbf{N})$，那么 $x$ 叫作 $a$ 的 <u>n 次方根</u>. 当 $n$ 为偶数时，非负的 $n$ 次方根通常说成是 $a$ 的 <u>n 次算术根</u>，记作 $\sqrt[n]{a}$；当 $n$ 为奇数时，$a$ 的 $n$ 次方根记作 $\sqrt[n]{a}$.

一般地，在实数范围内，正数的偶次方根有两个，它们互为相反数，分别为 $\sqrt[n]{a}$，$-\sqrt[n]{a}$（$n$ 为偶数）；负数的偶次方根无意义. 例如，16 的 4 次方根有两个，分别为 $\sqrt[4]{16}$，$-\sqrt[4]{16}$，也就是 2 与 $-2$；而 $\sqrt{-2}$ 在实数范围内无意义. 实数的奇次方根只有一个，如 $\sqrt[3]{8} = 2$，$\sqrt[3]{-27} = -3$ 等. 零的任何次方根仍然是零，即 $\sqrt[n]{0} = 0$.

当 $\sqrt[n]{a}$ 有意义时，$\sqrt[n]{a}$ 叫作 <u>根式</u>，其中 $a$ 叫作 <u>被开方数</u>，$n$ 叫作 <u>根指数</u>.

根据 $n$ 次方根的定义，根式有以下性质：

(1) $(\sqrt[n]{a})^n = a$.

(2) 当 $n$ 为偶数时，$\sqrt[n]{a^n} = |a|$；

当 $n$ 为奇数时，$\sqrt[n]{a^n} = a$.

举例如下：

$(\sqrt[3]{-3})^3 = -3$，$(\sqrt{5})^2 = 5$，$\sqrt[4]{5^4} = 5$，$\sqrt[4]{(-7)^4} = |-7| = 7$，$\sqrt[3]{(-3)^3} = -3$.

**【例 1】** 化简下列根式：

(1) $\sqrt{108}$；  (2) $\dfrac{2}{\sqrt{6}}$；  (3) $\sqrt{\dfrac{5}{3}}$.

**解** (1) $\sqrt{108} = \sqrt{36 \times 3} = \sqrt{6^2 \times 3} = 6\sqrt{3}$；

(2) $\dfrac{2}{\sqrt{6}} = \dfrac{2 \times \sqrt{6}}{\sqrt{6} \times \sqrt{6}} = \dfrac{2\sqrt{6}}{(\sqrt{6})^2} = \dfrac{2\sqrt{6}}{6} = \dfrac{\sqrt{6}}{3}$；

(3) $\sqrt{\dfrac{5}{3}} = \sqrt{\dfrac{5\times 3}{3\times 3}} = \dfrac{\sqrt{15}}{3}$.

 练习

1. 求值：

   (1) 求 $-32$ 的 5 次方根；　　(2) 求 $a^3$ 的立方根；

   (3) 求 256 的 4 次算术根.

2. 求下列各式的值：

   (1) $\sqrt[3]{(-27)^3}$；　　(2) $\sqrt{(-5)^2}$；

   (3) $\sqrt[4]{(2-\pi)^4}$；　　(4) $\sqrt{(a-b)^2}$ $(a>b)$.

3. 化简下列各式：

   (1) $\sqrt{243}$；　　(2) $\dfrac{2}{\sqrt{12}}$；　　(3) $2\sqrt{\dfrac{7}{4}}$.

## 3. 分数指数幂

先来看下面的例子，根据方根的定义和运算有

$$\sqrt[5]{a^{10}} = \sqrt[5]{(a^2)^5} = a^2 = a^{\frac{10}{5}}.$$

也就是说，根式可以写成分数指数幂的形式，此时根式的被开方数中的指数能被根指数整除. 当二者不能整除时，我们约定 $\sqrt[3]{a^2} = a^{\frac{2}{3}}$，$\sqrt[5]{b^6} = b^{\frac{6}{5}}$，$\sqrt{c} = c^{\frac{1}{2}}$（$a$，$b$，$c$ 均大于 0），这样就可以把整数指数幂推广到 **正分数指数幂**.

规定正分数指数幂的意义是

$$a^{\frac{m}{n}} = \sqrt[n]{a^m} \ (a>0; m,n\in \mathbf{N}^+ \text{ 且 } n>1).$$

仿照负整数指数幂的概念，规定 **负分数指数幂** 的意义是

$$a^{-\frac{m}{n}} = \dfrac{1}{a^{\frac{m}{n}}} = \dfrac{1}{\sqrt[n]{a^m}} \ (a>0; m,n\in \mathbf{N}^+ \text{ 且 } n>1).$$

类似于整数指数幂的运算，有理数指数幂与实数指数幂有如下运算性质：

$$a^p a^q = a^{p+q},$$
$$(a^p)^q = a^{pq},$$
$$(ab)^p = a^p b^p,$$

其中 $a>0, b>0, p, q$ 为任意实数.

【例 2】求值：

$$16^{\frac{3}{4}}, \quad 9^{\frac{1}{2}}, \quad 25^{-\frac{1}{2}}, \quad \left(\frac{8}{27}\right)^{-\frac{2}{3}}.$$

**解**  $16^{\frac{3}{4}} = (2^4)^{\frac{3}{4}} = 2^{4 \times \frac{3}{4}} = 2^3 = 8$;

$9^{\frac{1}{2}} = (3^2)^{\frac{1}{2}} = 3$;

$25^{-\frac{1}{2}} = (5^2)^{-\frac{1}{2}} = 5^{-1} = \frac{1}{5}$;

$\left(\frac{8}{27}\right)^{-\frac{2}{3}} = \left(\frac{2}{3}\right)^{3 \times (-\frac{2}{3})} = \left(\frac{2}{3}\right)^{-2} = \frac{9}{4}.$

【例3】用分数指数幂形式表示下列各式($a>0, b>0$)：

$$\sqrt[3]{(a+b)^2}, \quad \sqrt{a^5 b^4}, \quad a \cdot \sqrt{a}, \quad \frac{a^2}{\sqrt[3]{a^2}}.$$

**解**  $\sqrt[3]{(a+b)^2} = (a+b)^{\frac{2}{3}}$;

$\sqrt{a^5 b^4} = (a^5 b^4)^{\frac{1}{2}} = a^{\frac{5}{2}} b^2$;

$a \cdot \sqrt{a} = a \cdot a^{\frac{1}{2}} = a^{1+\frac{1}{2}} = a^{\frac{3}{2}}$;

$\frac{a^2}{\sqrt[3]{a^2}} = \frac{a^2}{a^{\frac{2}{3}}} = a^{2-\frac{2}{3}} = a^{\frac{4}{3}}.$

1. 用分数指数幂表示下列各式：

(1) $\sqrt[5]{x^4}$;　　　　(2) $\frac{1}{\sqrt[3]{a}}$;　　　　(3) $\sqrt[7]{(a-b)^3}$ ($a>b$);

(4) $\sqrt[3]{m^2+n^3}$;　　(5) $\frac{\sqrt{a}}{\sqrt[3]{a^2}}$.

2. 计算：

(1) $36^{-\frac{3}{2}}$;　(2) $\left(\frac{16}{81}\right)^{-\frac{1}{4}}$;　(3) $27^{\frac{2}{3}}$;　(4) $1000^{\frac{1}{3}}$;　(5) $\left(6\frac{1}{4}\right)^{\frac{3}{2}}.$

习题 4.1

1. 填空：

(1) $\left(\frac{3}{\pi}\right)^0 =$ _____;　　　　(2) $(m+n)^0 =$ _____;

(3) $\left(\dfrac{1}{3}\right)^{-3} =$ _____ ;  (4) $(\sqrt[3]{-7})^3 =$ _____ ;

(5) $\sqrt[4]{(-11)^4} =$ _____ ;  (6) $\sqrt[4]{(\pi-4)^4} =$ _____ ;

(7) $4^{\frac{1}{2}} =$ _____ ;  (8) $125^{\frac{2}{3}} =$ _____ ;

(9) $10000^{-\frac{1}{4}} =$ _____ .

2. 计算：

(1) $x^5 x^{\frac{1}{5}}$ ;   (2) $(-6x^4)^2$ ;   (3) $\left(-\dfrac{2}{3}x\right)^4$ ;   (4) $(-2xy^2)^3$ ;

(5) $(-m^2)^3$ ;  (6) $(3b)^2(-2b)^3$ .

3. 求值：

(1) $\sqrt[5]{(-100000)^5}$ ;   (2) $\sqrt[4]{(a-b)^4}$  ($a<b$);

(3) $\left(\dfrac{1}{81}\right)^{-\frac{3}{4}}$ ;   (4) $\left(\dfrac{1}{2}\right)^{-5}$ .

4. 计算下列各式（式中各字母均为正数）：

(1) $(x^{\frac{1}{4}} y^{\frac{2}{3}})^{12}$ ;   (2) $x^{\frac{2}{3}} x^{\frac{3}{4}}$ ;   (3) $x^{\frac{3}{4}} \div x^{\frac{1}{3}}$ ;   (4) $2a^2 (a^{\frac{2}{3}})^{-3}$ .

5. 计算（式中各字母均为正数）：

(1) $x^{\frac{3}{4}} x^{\frac{1}{3}} x^{\frac{7}{12}}$ ;   (2) $(-x^{\frac{1}{2}} y^{-\frac{2}{3}})^6$ ;

(3) $4a^{\frac{2}{3}} b^{-\frac{1}{3}} \div \left(-\dfrac{2}{3} a^{-\frac{1}{3}} b^{-\frac{1}{3}}\right)$ ;   (4) $\sqrt{a \cdot \sqrt[3]{a}}$ .

6. 计算（式中各字母均为正数）：

(1) $\sqrt[3]{3} \cdot \sqrt[4]{3} \cdot \sqrt[4]{27}$ ;   (2) $2a^2 b^3 (a^{\frac{1}{2}} b^{\frac{2}{3}} - a\sqrt{b})$ .

## §4.2 幂 函 数

我们已经学过 $y=x, y=x^2, y=\dfrac{1}{x}=x^{-1}$ 等函数，这些函数都可以表示为 $y=x^a$ 的形式，其中 $a$ 是常数，自变量 $x$ 是幂的底，我们把这样的函数叫作**幂函数**.

幂函数的定义域可以根据指数幂的要求求解. 幂函数的图像，我们看 $a=1, 2, 3, \dfrac{1}{2}, -1$ 等几种常见的情形. 在同一直角坐标系中，幂函数 $y=x, y=$

$x^2, y=x^3, y=x^{\frac{1}{2}}, y=x^{-1}$ 的图像如图 4-1 所示.

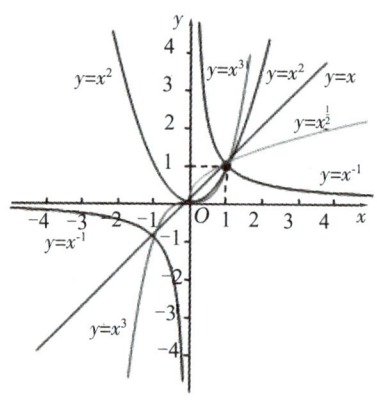

图 4-1

从图像上我们可以看到,幂函数随着 $a$ 的取值不同,它们的性质和图像也不同,但也有一些共性:

(1) 所有的幂函数都通过点 $(1,1)$;

(2) 当 $a$ 是奇数时幂函数是奇函数,当 $a$ 是偶数时幂函数是偶函数.

【例 1】用描点法作出函数 $y=x^{\frac{1}{2}}$ 的图像.

**解** 函数 $y=x^{\frac{1}{2}}=\sqrt{x}$ 的定义域为 $[0,+\infty)$. 用描点法来作函数的图像,如图 4-2 所示.

| $x$ | 0 | 1 | 2 | 4 | 9 | … |
|---|---|---|---|---|---|---|
| $y$ | 0 | 1 | 1.41 | 2 | 3 | … |

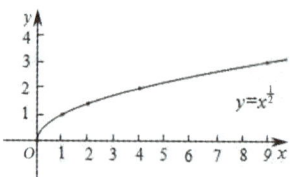

图 4-2

【例 2】已知幂函数的图像通过点 $(3,9)$,试求出这个函数的解析式.

**解** 设幂函数为 $y=x^a$,图像通过点 $(3,9)$,故 $9=3^a$,解得 $a=2$. 所以函数的解析式为 $y=x^2$.

练习

1. 用描点法作出函数 $y=x^{-2}$ 的图像.

2. 已知幂函数的图像经过点 $\left(2, \dfrac{1}{4}\right)$,求这个函数的解析式.

**习题 4.2**

1. 函数 $y = \dfrac{1}{x^2}, y = x^2, y = x^2 + x, y = 1$ 中哪几个是幂函数?

2. 已知幂函数 $y = f(x)$ 的图像通过点 $(2, \sqrt{2})$,求这个函数的解析式.

3. 求下列幂函数的定义域:

   (1) $y = x^3$;  
   (2) $y = x^2$;  
   (3) $y = x^{-\frac{3}{2}}$;  
   (4) $y = x^{\frac{3}{5}}$.

4. 证明幂函数 $f(x) = \sqrt{x}$ 在区间 $[0, +\infty)$ 上是增函数.

## §4.3 指 数 函 数

### 1. 指数函数的定义

先看两个例子.

(1) 某产品原来的年产量是 1 万吨,计划从今年开始年产量每年增加 15%,那么 $x$ 年后的年产量 $y$(单位:万吨)为

$$y = (1 + 15\%)^x,$$

即
$$y = 1.15^x.$$

(2) 放射性元素镭在每一年内它的质量要减少 0.044%,那么经过 $x$ 年后,一克镭剩下的克数 $y$ 为

$$y = (1 - 0.044\%)^x,$$

即
$$y = 0.99956^x.$$

以上两个例子的函数表达式中,自变量出现在指数的位置,底数都是大于零的常数,它们都可以表示为 $y = a^x$ 的形式. 显然当 $a = 1$ 时,无研究的意义.

一般地,函数 $y = a^x (a > 0$ 且 $a \neq 1)$ 叫作**指数函数**,其中 $x$ 是自变量. 由于

当底数大于零时,指数的取值范围从正整数推广到了实数,所以指数函数的定义域是 **R**.

【**例 1**】已知指数函数 $y=a^x$ 的图像通过点 $(3,27)$,试求出这个函数的解析式.

**解** 由函数的图像经过点 $(3,27)$ 可知
$$27=a^3,$$
解得
$$a=3,$$
所以
$$y=3^x.$$

1. 函数 $y=2^x$,$y=3^{x+1}$,$y=2^{2x}$,$y=\left(\dfrac{1}{3}\right)^x$,$y=2^{-x}$ 中哪些是指数函数?

2. 已知指数函数 $y=f(x)$ 的图像通过点 $(2,16)$,求这个函数的解析式.

## 2. 指数函数的图像与性质

我们知道 $\left(\dfrac{1}{2}\right)^x=2^{-x}$,因此函数 $y=2^{-x}$ 与 $y=2^x$ 的图像应该有某种关系.用描点法在同一个直角坐标系下作出函数 $y=2^x$ 与 $y=\left(\dfrac{1}{2}\right)^x$ 的图像,列表 4-1 如下:

表 4-1  函数 $y=2^x$ 与 $y=2^{-x}$ 的点

| $x$ | … | $-3$ | $-2$ | $-1$ | $0$ | $1$ | $2$ | $3$ | … |
|---|---|---|---|---|---|---|---|---|---|
| $y=2^x$ | … | 0.125 | 0.25 | 0.5 | 1 | 2 | 4 | 8 | … |
| $y=0.5^x$ | … | 8 | 4 | 2 | 1 | 0.5 | 0.25 | 0.125 | … |

作函数 $y=2^x$ 与 $y=\left(\dfrac{1}{2}\right)^x$ 的图像,如图 4-3 所示.

从上述表的取值和图像可以看到,函数 $y=2^x$ 与 $y=\left(\dfrac{1}{2}\right)^x$ 的图像关于 $y$ 轴对称.所以,对任何 $a>1$,都有 $y=a^x$ 与 $y=\left(\dfrac{1}{a}\right)^x$ 的图像关于 $y$ 轴对称.

下面我们分为底数 $a>1$ 和 $0<a<1$ 两种情况来研究指数函数的图像与性质.首先来看底数 $a>1$ 的情形.

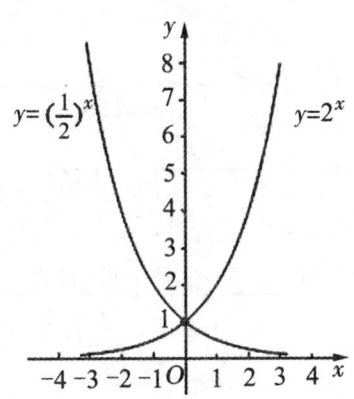

图 4-3

在同一直角坐标系中研究两个不同底的指数函数 $y=2^x$ 与 $y=10^x$ 的图像(见图4-4),两个函数的图像变化趋势相同.所以,对于任意底数 $a>1$ 的指数函数 $y=a^x$ 的图像就如图 4-5 所示.

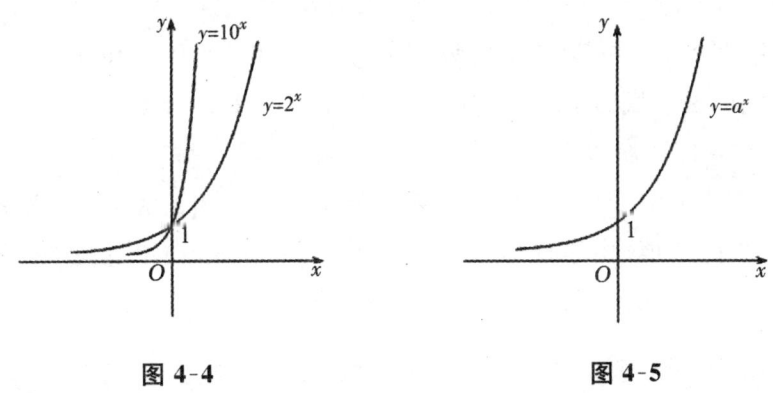

图 4-4        图 4-5

然后来看底数 $0<a<1$ 的情形.利用 $a>1$ 时,函数 $y=a^x$ 与 $y=\left(\dfrac{1}{a}\right)^x$ 图像的对称性,可得出 $0<a<1$ 时函数 $y=a^x$ 的图像.于是我们就可以得到指数函数的性质,如表 4-2 所示.

表 4-2  指数函数的图像和性质

| | $a>1$ | $0<a<1$ |
|---|---|---|
| 图像 | 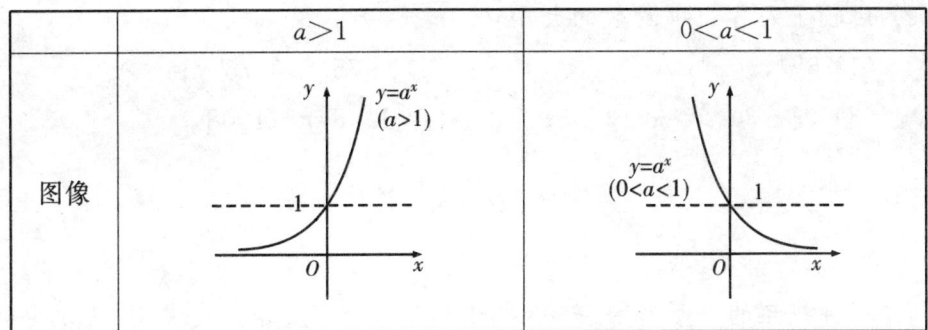 | |

续表

| | $a>1$ | $0<a<1$ |
|---|---|---|
| 性质 | 定义域:**R** | |
| | 值域:$(0,+\infty)$ | |
| | 过点$(0,1)$,即$x=0$时$y=1$ | |
| | 在**R**上是增函数,当$x<0$时,$0<y<1$;当$x>0$时,$y>1$ | 在**R**上是减函数,当$x<0$时,$y>1$;当$x>0$时,$0<y<1$ |

一般地,指数函数 $y=a^x(a>0$ 且 $a\neq 1)$ 具有如下性质:

(1) 定义域是 $(-\infty,+\infty)$,值域是 $(0,+\infty)$.

(2) 函数图像都通过 $(0,1)$,即 $x=0$ 时 $y=1$.

(3) 当 $a>1$ 时,在定义域上是增函数;

当 $0<a<1$ 时,在定义域上是减函数.

**【例 2】** 比较下列各组中两个值的大小:

(1) $3^{0.3}, 3^{1.5}$;  (2) $0.8^{-0.1}, 0.8^{-0.2}$.

**解** (1) $3^{0.3}, 3^{1.5}$ 可以看作指数函数 $y=3^x$ 当 $x=0.3$ 和 $x=1.5$ 时对应的两个函数值. 由于底数 $3>1$,所以 $y=3^x$ 在 **R** 上是增函数.

因为 $0.3<1.5$,所以 $3^{0.3}<3^{1.5}$.

(2) $0.8^{-0.1}, 0.8^{-0.2}$ 可以看作指数函数 $y=0.8^x$ 当 $x=-0.1$ 和 $x=-0.2$ 时对应的两个函数值. 由于底数 $0.8<1$,所以 $y=0.8^x$ 在 **R** 上是减函数.

因为 $-0.1>-0.2$,所以 $0.8^{-0.1}<0.8^{-0.2}$.

练习

1. 在同一平面直角坐标系中画出下列函数的图像并分别写出它们的性质:

(1) $y=3^x$;  (2) $y=\left(\dfrac{1}{3}\right)^x$.

2. 比较下列各组中两数的大小:

(1) $5^{1.3}, 5^{-1.5}$;  (2) $0.75^{0.2}, 0.75^{0.3}$;

(3) $(\pi-3)^{-2}, (\pi-3)^{-3}$;  (4) $1.08^{-0.1}, 1.08^{-0.2}$.

习题 4.3

1. 一种产品的产量原来是 $a$,在今后的几年内,计划使产量平均每年比

上一年增加 $p\%$，写出产量 $y$ 随年数 $x$ 变化的函数解析式.

2. 已知指数函数 $y=f(x)$ 的图像经过点 $(2,9)$，求 $f(0), f\left(\dfrac{1}{2}\right), f(-2)$.

3. 比较下列各组中两数的大小：

(1) $\left(\dfrac{5}{3}\right)^{1.7}, \left(\dfrac{5}{3}\right)^{1.8}$；  (2) $0.1^{-0.8}, 0.1^{-0.3}$；

(3) $(5-\pi)^{-3}, (5-\pi)^{-4}$；  (4) $1.08^{0.3}, 0.98^{5.2}$.

4. 求下列函数的定义域：

(1) $y=2^x+3$；  (2) $y=2^{3-x}$；  (3) $y=\left(\dfrac{2}{5}\right)^{3x}$；  (4) $y=0.7^{\frac{1}{x}}$.

5. 已知下列不等式，比较 $x, y$ 的大小：

(1) $2^x < 2^y$；  (2) $0.2^x < 0.2^y$；

(3) $a^x < a^y (0 < a < 1)$；  (4) $a^x > a^y (a > 1)$.

6. 求下列函数的定义域：

(1) $y=\sqrt{2^x-2}$；  (2) $y=\dfrac{1}{\sqrt{1-2^x}}$.

## §4.4 对　　数

### 1. 对数的定义

在指数函数的性质中，我们知道对于指数函数 $y=a^x (a>0$ 且 $a\neq 1)$ 在整个定义域内都是单调函数. 也就是说，对于任意一个 $x$，都有唯一确定的 $y$ 与之相对应；同时，对于值域内的任意一个 $y$，也都有唯一确定的 $x$ 与之对应. 例如，在函数 $y=10^x$ 中，如果 $y=100$，那么 $x=2$；如果 $y=0.001$，那么 $x=-3$. 但是，如果 $y=5$，怎么计算对应的 $x$ 值呢？

这也就是将上面的问题转化为：当 $5=10^x$ 时，$x$ 等于多少？此时，$x$ 确定是唯一存在的，它由底数 10 和数 5 来确定，这个值我们用"对数"的概念来解决.

**定义 1**　一般地，如果 $a^x=N(a>0$ 且 $a\neq 1)$，那么数 $x$ 叫作以 $a$ 为底 $N$

的对数,记作
$$x = \log_a N,$$
其中 $a$ 叫作对数的底数,$N$ 叫作真数. 显而易见,真数 $N > 0$.

在上述问题中,根据对数的定义,因为 $5 = 10^x$,所以 $x$ 就是以 10 为底 5 的对数,即 $x = \log_{10} 5$.

下面举一些其他的例子.

因为 $4^2 = 16$,所以数 2 是以 4 为底 16 的对数,即 $2 = \log_4 16$;

因为 $4^{\frac{1}{2}} = 2$,所以数 $\frac{1}{2}$ 是以 4 为底 2 的对数,即 $\frac{1}{2} = \log_4 2$.

从上面的例子可知,任意一个大于零的数都可以用一个对数表示;同时,对数也可以转化为指数的问题来求值.

把式子 $a^x = N$ 称为指数式,式子 $x = \log_a N$ 称为对数式. 实质上,对数式只不过是指数式的另一种表达形式而已,二者是等价的,即当 $a > 0$ 且 $a \neq 1$,$N > 0$ 时
$$a^x = N \Leftrightarrow x = \log_a N.$$

由上面的等价关系可以得出,当 $a > 0$ 且 $a \neq 1$,$N > 0$ 时
$$a^{\log_a N} = N.$$

这个式子又称为对数恒等式.

由对数的定义可知,对数具有以下性质:

(1) 0 和负数没有对数;

(2) $\log_a a = 1$,即底的对数等于 1;

(3) $\log_a 1 = 0$,即 1 的对数总等于 0.

其中 $a > 0$ 且 $a \neq 1$.

【例 1】将下列指数式化为对数式,对数式化为指数式:

(1) $3^2 = 9$;  (2) $2^3 = 8$;  (3) $4^{-2} = \frac{1}{16}$;

(4) $\log_2 64 = 6$;  (5) $\log_3 \frac{1}{27} = -3$;  (6) $\log_{\frac{1}{2}} 16 = -4$.

**解** (1) $2 = \log_3 9$;

(2) $3 = \log_2 8$;

(3) $-2 = \log_4 \frac{1}{16}$;

(4) $2^6=64$;

(5) $3^{-3}=\dfrac{1}{27}$;

(6) $\left(\dfrac{1}{2}\right)^{-4}=16$.

**【例 2】** 求下列各式中 $x$ 的值：

(1) $\log_7 x=-2$；　(2) $\log_x \dfrac{1}{125}=-3$；　(3) $x=\log_{10} 0.001$.

**解**　(1) 把 $\log_7 x=-2$ 写成指数式，得

$$x=7^{-2}=\dfrac{1}{7^2}=\dfrac{1}{49},$$

所以
$$x=\dfrac{1}{49}.$$

(2) 把 $\log_x \dfrac{1}{125}=-3$ 写成指数式，得

$$x^{-3}=\dfrac{1}{125}=\dfrac{1}{5^3}=5^{-3},$$

所以
$$x=5.$$

(3) 把 $x=\log_{10} 0.001$ 写成指数式，得

$$10^x=0.001=10^{-3},$$

所以
$$x=-3.$$

练习

1. 填空（其中 $a>0$ 且 $a\neq 1$）：

(1) $\log_{10} 1=$ ____；　(2) $\log_{13} 13=$ ____；　(3) $\log_{0.1} 0.1=$ ____；

(4) $5^{\log_5 3}=$ ____；　(5) $\log_{0.7} 1=$ ____；　(6) $\log_a a^2=$ ____.

2. 求下列各式的值：

(1) $\log_5 25$；　(2) $\log_3 \dfrac{1}{81}$；　(3) $\log_{10} 100$；　(4) $\log_{10} 0.1$.

3. 将下列指数式化为对数式，对数式化为指数式（$a>0$ 且 $a\neq 1$）：

(1) $2^{-1}=\dfrac{1}{2}$；　(2) $5.3^0=1$；　(3) $27^{\frac{1}{3}}=3$；

(4) $\log_2 \dfrac{1}{4}=-2$；　(5) $\log_{0.1} 10000=-4$；　(6) $\log_a 6=y$.

4. 求下列各式中 $x$ 的值：

(1) $\log_9 x = -1$； (2) $\log_x \dfrac{1}{36} = -2$； (3) $x = \log_{2.5} 6.25$.

## 2. 对数的运算性质

对于任意正数 $M, N$，设对数 $\log_a M = x, \log_a N = y$ ($a > 0$ 且 $a \neq 1$)，

由对数的定义知 $\qquad M = a^x, N = a^y$，

则 $\qquad M \cdot N = a^x \cdot a^y = a^{x+y}$，

两边取对数 $\qquad \log_a (M \cdot N) = \log_a a^{x+y} = x + y$，

故有 $\qquad \log_a (M \cdot N) = \log_a M + \log_a N$.

仿照上述过程，我们可以得到对数的如下性质：

(1) $\log_a (M \cdot N) = \log_a M + \log_a N$；

(2) $\log_a \dfrac{M}{N} = \log_a M - \log_a N$；

(3) $\log_a M^n = n \log_a M$.

其中 $a > 0$ 且 $a \neq 1, M > 0, N > 0, n \in \mathbf{R}$.

【例3】用 $\log_a x, \log_a y, \log_a z$ 表示下列各式：

(1) $\log_a \dfrac{xy}{z}$； (2) $\log_a (x^3 \sqrt{y})$； (3) $\log_a \dfrac{\sqrt{x}}{z \sqrt[3]{y}}$.

**解** (1) $\log_a \dfrac{xy}{z} = \log_a (xy) - \log_a z$

$\qquad = \log_a x + \log_a y - \log_a z$；

(2) $\log_a (x^3 \sqrt{y}) = \log_a x^3 + \log_a \sqrt{y}$

$\qquad = \log_a x^3 + \log_a y^{\frac{1}{2}}$

$\qquad = 3 \log_a x + \dfrac{1}{2} \log_a y$；

(3) $\log_a \dfrac{\sqrt{x}}{z \sqrt[3]{y}} = \log_a \sqrt{x} - \log_a (z \sqrt[3]{y})$

$\qquad = \log_a x^{\frac{1}{2}} - (\log_a z + \log_a y^{\frac{1}{3}})$

$\qquad = \dfrac{1}{2} \log_a x - \log_a z - \dfrac{1}{3} \log_a y$.

【例4】求下列各式的值：

(1) $\log_{10} \sqrt[5]{0.01}$；  (2) $\log_2(2^3 \times 4^7)$；

(3) $\log_2 34 - \log_2 17$；  (4) $\log_{13} 9 + 2\log_{13} \dfrac{1}{3}$.

**解** (1) $\log_{10} \sqrt[5]{0.01} = \log_{10} \sqrt[5]{10^{-2}} = \log_{10} 10^{-\frac{2}{5}} = -\dfrac{2}{5}\log_{10} 10 = -\dfrac{2}{5}$；

(2) $\log_2(2^3 \times 4^7) = \log_2 2^3 + \log_2 4^7 = 3\log_2 2 + 7\log_2 4 = 3 + 7 \times 2 = 17$；

(3) $\log_2 34 - \log_2 17 = \log_2 \dfrac{34}{17} = \log_2 2 = 1$；

(4) $\log_{13} 9 + 2\log_{13} \dfrac{1}{3} = \log_{13} 9 + \log_{13}\left(\dfrac{1}{3}\right)^2 = \log_{13}\left[9 \times \left(\dfrac{1}{3}\right)^2\right] = \log_{13} 1 = 0$.

**练习**

1. 若 $\log_a 2 = m, \log_a 3 = n$，用 $m, n$ 表示下列各式：

(1) $\log_a \dfrac{2}{3}$；  (2) $\log_a 6$；  (3) $\log_a \dfrac{9}{4}$；  (4) $\log_a \dfrac{\sqrt{2}}{6}$；  (5) $\log_a 12$.

2. 求下列各式的值：

(1) $\log_3 \sqrt[5]{3}$；  (2) $\log_3(27 \times 9^2)$；

(3) $\log_7 \sqrt[3]{49}$；  (4) $\log_5 2 + \log_5 \dfrac{1}{2}$；

(5) $\log_3 5 - \log_3 15$；  (6) $\dfrac{1}{2}\log_5 9 + \log_5 \dfrac{1}{3}$.

### 3. 常用对数与自然对数

通常我们将以 10 为底的对数叫作**常用对数**，并把 $\log_{10} N(N>0)$ 简记为 $\lg N$. 例如，$\lg 2$ 表示 $\log_{10} 2$，$\lg x(x>0)$ 表示 $\log_{10} x$.

除了常用对数，在现代科学技术中还常用到以无理数 $e = 2.71828\cdots$ 为底的对数. 以 e 为底的对数叫作**自然对数**，并把 $\log_e N$ 简记为 $\ln N$. 例如，$\ln 2$ 就表示 $\log_e 2$，$\ln x(x>0)$ 就表示 $\log_e x$.

常用对数和自然对数是我们经常用到的两种对数.

 练习

1. 求值：

(1) $\lg 1 + \lg 10 + \lg \dfrac{1}{10} + \lg 100 + \lg 0.001 + \lg \sqrt{10}$；

(2) $\ln 1 + \ln e - \ln e^2 + \ln \sqrt[3]{e} + \ln \dfrac{1}{e}$.

2. 计算：

(1) $\lg 25 - \lg \dfrac{1}{4}$； (2) $\lg 5 + \lg 2$； (3) $\lg(e^{\ln 10})$.

## 4. 换底公式

利用计算器可以直接求出常用对数和自然对数的值，那么其他以不等于 1 的正数为底的对数该如何计算呢？如果能将其他底的对数都转化为以 10 或 e 为底的对数，就能方便地求出任意以不等于 1 的正数为底的对数的值．我们举例讨论一下，以 $\log_3 5$ 转化为以 10 为底的对数为例．

设 $\log_3 5 = x$，写成指数式为

$$3^x = 5,$$

两边取常用对数得

$$\lg 3^x = \lg 5,$$

运用对数的运算性质得

$$x \lg 3 = \lg 5,$$

即

$$x = \dfrac{\lg 5}{\lg 3}.$$

同样地，我们也可以把 $\log_3 5$ 转化为以 e 为底的对数．这样，我们就可以利用常用对数或自然对数计算出 $\log_3 5$ 的比较精确的近似值．

我们把上述过程推广开来，发现 $\log_3 5$ 可以转化为任意其他以不等于 1 的正数为底的对数．因此，可以得出下面的**换底公式**：

$$\log_a b = \dfrac{\log_c b}{\log_c a} \ (a>0 \text{ 且 } a \neq 1; c>0 \text{ 且 } c \neq 1; b>0).$$

【例 5】求 $\log_9 16 \cdot \log_{32} 27$ 的值.

**解** $\log_9 16 \cdot \log_{32} 27 = \dfrac{\lg 16}{\lg 9} \cdot \dfrac{\lg 27}{\lg 32} = \dfrac{4\lg 2}{2\lg 3} \cdot \dfrac{3\lg 3}{5\lg 2} = \dfrac{6}{5}.$

**【例 6】** 求证：$\log_a x \cdot \log_x y = \log_a y.$

**证明** $\log_a x \cdot \log_x y = \log_a x \cdot \dfrac{\log_a y}{\log_a x} = \log_a y.$

## 练习

1. 将 $\log_3 5$ 转化为以 $a$ 为底的对数来表示.
2. 证明换底公式.
3. 求下列各式的值：
   (1) $\log_5 6 \cdot \log_{36} 125$；　　　　(2) $\log_8 9 \cdot \log_{81} 16.$
4. 化简 $\log_2 3 \cdot \log_{27} 125.$

## 习题 4.4

1. 填空题：
   (1) $\log_8 2 = \underline{\quad}$；
   (2) $\log_{0.7} \sqrt[3]{0.7} = \underline{\quad}$；
   (3) $\log_{\frac{1}{6}} 36 = \underline{\quad}$；
   (4) $\log_{16} 8 = \underline{\quad}$；
   (5) $\log_2 (\log_3 81) = \underline{\quad}$；
   (6) $\lg \sqrt{0.001} = \underline{\quad}$；
   (7) $\ln \dfrac{1}{\sqrt{e}} = \underline{\quad}$；
   (8) $\lg 10^x = \underline{\quad}$；
   (9) $\ln e^x = \underline{\quad}$；
   (10) $10^{\lg x} = \underline{\quad}$；
   (11) $e^{\ln e} = \underline{\quad}$；
   (12) $\log_{27} 9 = \underline{\quad}.$

2. 若 $\log_x \dfrac{1}{16} = -4$，则 $x = (\quad).$

   A. $\dfrac{1}{2}$　　　　B. $\dfrac{1}{4}$　　　　C. $2$　　　　D. $4$

3. 将下列指数式化为对数式，对数式化为指数式：
   (1) $81^{-\frac{1}{4}} = \dfrac{1}{3}$；　(2) $\left(\dfrac{3}{2}\right)^{-3} = \dfrac{8}{27}$；　(3) $y = \left(\dfrac{1}{2}\right)^x$；　(4) $y = e^x$；
   (5) $y = 10^x$；　(6) $y = e^{\frac{x}{2}}$；　(7) $\lg \dfrac{1}{1000} = -3$；
   (8) $y = \lg x$；　(9) $3 = \ln x$；　(10) $x = \log_a y.$

4. 计算：

(1) $\ln 5 + \ln \dfrac{1}{5}$；　　(2) $\log_3 x + \log_3 \dfrac{1}{9x}$；　　(3) $\log_3 6 - \log_3 2$；

(4) $\lg 25 - \lg \dfrac{1}{4}$；　　(5) $2\log_5 10 + \log_5 0.25$；　　(6) $\log_5 4 \cdot \log_8 25$.

5. 若 $\lg 2 = a$，则 $\lg 5 = (\qquad)$.

  A. $\dfrac{5}{2}a$　　　　B. $\dfrac{2}{5}a$　　　　C. $\dfrac{1}{a}$　　　　D. $1 - a$

6. 已知 $\lg 2 = a, \lg 3 = b$，用 $a, b$ 表示下列各式：

(1) $\lg 6$；　　(2) $\lg \dfrac{3}{2}$；　　(3) $\log_3 4$；　　(4) $\log_2 12$.

7. 求使下列等式成立的值：

(1) $2^{2x+3} - 16 = 0$；　　(2) $\lg(\lg x) = 1$.

8. 计算：

(1) $3^{1+2\log_3 2}$；

(2) $\log_2 \dfrac{1}{25} \cdot \log_3 \dfrac{1}{8} \cdot \log_5 \dfrac{1}{9}$.

9. 若 $\lg 2 = a, \lg 7 = b$，求 $\lg 35$.

10. 求证：$\log_{a^m} b^n = \dfrac{n}{m} \log_a b$.

## §4.5 对数函数

  由于指数函数 $y = a^x (a > 0$ 且 $a \neq 1)$ 在定义域 $(-\infty, +\infty)$ 上是单调函数，根据反函数的意义，单调函数一定有反函数，所以指数函数 $y = a^x$ 有反函数．下面求它的反函数．

  在 $y = a^x$ 中，解出 $x$，得
$$x = \log_a y.$$
对换 $x, y$ 的位置，就得到指数函数 $y = a^x (a > 0$ 且 $a \neq 1)$ 的反函数为
$$y = \log_a x \quad (a > 0 \text{ 且 } a \neq 1).$$
这个函数的定义域是指数函数 $y = a^x$ 的值域即 $(0, +\infty)$，也就是说 $x > 0$．这

正好符合对数概念中真数大于 0 的要求.

**定义 1** 一般地,把函数 $y=\log_a x (a>0$ 且 $a\neq 1)$ 叫作**对数函数**,其中 $x$ 是自变量,函数的定义域是 $(0,+\infty)$.

函数 $y=\log_2 x, y=\lg x, y=\ln x$ 等都是对数函数,特别是函数 $y=\ln x$ 及其相关函数在生活实际中应用广泛,在高等数学的学习中也非常重要.

由于对数函数 $y=\log_a x (a>0$ 且 $a\neq 1)$ 和指数函数 $y=a^x (a>0$ 且 $a\neq 1)$ 互为反函数,根据互为反函数的图像关于直线 $y=x$ 对称,就可以得到对数函数 $y=\log_a x (a>0$ 且 $a\neq 1)$ 的图像,如图 4-6 所示.

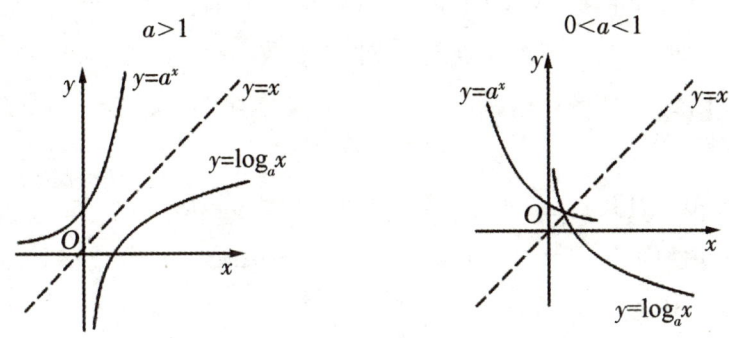

图 4-6

根据对数函数的图像,可以看出对数函数具有的性质,如表 4-3 所示.

表 4-3 对数函数的图像和性质

| | $a>1$ | $0<a<1$ |
|---|---|---|
| 图像 | (图像:过点(1,0)的增函数曲线,渐近线 $x=1$ 左侧) | (图像:过点(1,0)的减函数曲线,渐近线 $x=1$ 左侧) |
| | 定义域:$(0,+\infty)$ | |
| | 值域:**R** | |
| | 过点 $(1,0)$,即 $y=0$ 时 $x=1$ | |
| 性质 | 在 $(0,+\infty)$ 上是增函数,当 $0<x<1$ 时,$y<0$;当 $x>1$ 时,$y>0$ | 在 $(0,+\infty)$ 上是减函数,当 $0<x<1$ 时,$y>0$;当 $x>1$ 时,$y<0$ |

特别地,函数 $y=\log_a x$ 与 $y=\log_{\frac{1}{a}} x$ 的图像关于 $x$ 轴对称.

【例1】求下列函数的定义域：

(1) $y=\log_a(4-x)$；

(2) $y=\log_a x^2$.

**解** (1) 因为只有 $4-x>0$，即 $x<4$ 时，函数 $y=\log_a(4-x)$ 才有意义，所以这个函数的定义域是 $\{x|x<4\}$.

(2) 因为只有 $x^2>0$，即 $x\neq 0$ 时，函数 $y=\log_a x^2$ 才有意义，所以这个函数的定义域是 $\{x|x\neq 0\}$.

【例2】利用对数函数，比较下列各组中两个值的大小：

(1) $\log_2 3.4$，$\log_2 \pi$；　(2) $\log_{0.2} 0.4$，$\log_{0.2} 1.7$.

**解** (1) $\log_2 3.4$，$\log_2 \pi$ 可以看作对数函数 $y=\log_2 x$ 在 $x=3.4$ 和 $x=\pi$ 时对应的值. 因为底数 $2>1$，所以 $y=\log_2 x$ 是增函数，$3.4>\pi$，所以 $\log_2 3.4>\log_2 \pi$.

(2) $\log_{0.2} 0.4$，$\log_{0.2} 1.7$ 可以看作对数函数 $y=\log_{0.2} x$ 在 $x=0.4$ 和 $x=1.7$ 时对应的值. 因为底数 $0<0.2<1$，所以 $y=\log_{0.2} x$ 是减函数，$0.4<1.7$，所以 $\log_{0.2} 0.4>\log_{0.2} 1.7$.

习题 4.5

1. 求下列函数的定义域：

   (1) $y=\lg(1-x)$；　　(2) $y=\log_2(x^2+1)$；

   (3) $y=\dfrac{1}{\ln x}$；　　(4) $y=\sqrt{\log_3 x}$.

2. 比较下列各组中两值的大小：

   (1) $\log_5 0.3$，$\log_5 1.1$；　(2) $\log_a 7.8$，$\log_a 1.1$ $(0<a<1)$.

3. 根据下列各式，确定 $a$ 的范围：

   (1) $\log_a 0.8>\log_a 1.2$；　(2) $\log_{0.2} a>\log_{0.2} 3$；　(3) $\log_a 3<\log_a \sqrt{10}$.

4. 解下列不等式：

   (1) $\ln x>-1$；　　(2) $a^x<10$.

# 第4章 幂函数、指数函数与对数函数

## 名词索引

幂 power(94)

底数 base number(94)

指数 exponent(94)

正整数指数幂 power of positive integer(94)

负整数指数幂 power of negative integer(95)

零次幂 power of zero frequency(95)

整数指数幂 power of integer(95)

方根 root(96)

被开方数 radical(96)

根指数 radical exponent(96)

幂函数 power function(99)

指数函数 exponential function(101)

对数 logarithm(105)

真数 proper number(106)

常用对数 common logarithm(109)

自然对数 natural logarithm(109)

对数函数 logarithmic function(112)

## 数学符号

$\sqrt[n]{\phantom{a}}$    $n$ 次根式的符号,当 $n$ 为偶数时被开方数必须为非负数.

log    对数的符号,$\log_a N$ 读作"以 $a$ 为底 $N$ 的对数".

e    自然对数的底,$e = 2.71828\cdots$,来自欧拉名字 Euler 的首字母.

$e^x$    表示以 e 为底的指数函数,通常称为自然指数函数,也可用 $\exp x$ 表示.

$a^x$    表示底是 $a$ 的指数函数,通常要求 $a > 0$ 且 $a \neq 1$.

lg    常用对数的符号,常用对数是以 10 为底的对数.

ln    自然对数的符号,自然对数是以 e 为底的对数.

$\ln x$    表示以 e 为底的对数函数,通常称为自然对数函数.

## 常用公式

$$a^{-n} = \frac{1}{a^n} (n \in \mathbf{N}^+, a \neq 0) \qquad | \qquad (\sqrt[n]{a})^n = a$$

$\sqrt[n]{a^n}=|a|$ （$n$ 为偶数）

$a^{\frac{m}{n}}=\sqrt[n]{a^m}$

$a^p a^q = a^{p+q}$

$(ab)^p = a^p b^p$

$a^{\log_a N} = N$

$\log_a \dfrac{M}{N} = \log_a M - \log_a N$

$\log_a b = \dfrac{\log_c b}{\log_c a}$

$\sqrt[n]{a^n}=a$ （$n$ 为奇数）

$a^{-\frac{m}{n}} = \dfrac{1}{a^{\frac{m}{n}}} = \dfrac{1}{\sqrt[n]{a^m}}$

$(a^p)^q = a^{pq}$

$a^x = N \Leftrightarrow x = \log_a N$

$\log_a(M \cdot N) = \log_a M + \log_a N$

$\log_a M^n = n \log_a M$

## 复 习 题 A

1. 选择题：

   (1) 下列是指数函数的是( ).

   A. $y=(-2)^x$    B. $y=2^x$    C. $y=x^2$    D. $y=\log_2 x$

   (2) 下列是幂函数的是( ).

   A. $y=(-2)^x$    B. $y=2^x$    C. $y=x^2$    D. $y=\log_2 x$

   (3) 指数函数 $y=a^x$ 经过定点( ).

   A. $(1,0)$    B. $(0,0)$    C. $(0,1)$    D. $(1,1)$

   (4) 幂函数 $y=x^n$ 经过定点( ).

   A. $(1,0)$    B. $(0,0)$    C. $(0,1)$    D. $(1,1)$

   (5) 下列等式中不正确的是( ).

   A. $\log_3 3=1$
   B. $\log_3 1=1$
   C. $\lg 10=1$
   D. $\log_3 4=2\log_3 2$

   (6) 下列叙述正确的是( ).

   A. 对数的真数 $\geqslant 0$

   B. 对数函数的定义域是全体实数

   C. 对数函数的值域是 $(0,+\infty)$

   D. 对数函数过定点 $(1,0)$

   (7) 关于幂函数 $y=x^3$，下列叙述不正确的是( ).

   A. 定义域是全体实数    B. 是奇函数

   C. 在定义域内是增函数    D. 在定义域内是减函数

   (8) 关于幂函数 $y=x^{-3}$，下列叙述正确的是( ).

   A. 定义域是全体实数    B. 是奇函数

   C. 在 $\mathbf{R}$ 上是增函数    D. 在 $\mathbf{R}$ 上是减函数

   (9) $\log_5 \dfrac{1}{25}=$( ).

   A. 5    B. $-5$    C. 2    D. $-2$

   (10) 若指数函数 $y=b^x$ 在 $\mathbf{R}$ 上是减函数，则 $b$ 的范围为( ).

   A. $b>1$    B. $b<1$    C. $0<b<1$    D. $1<b<2$

   (11) 若指数函数 $y=b^x$ 在 $\mathbf{R}$ 上是增函数，则 $b$ 的范围为( ).

A. $b>1$   B. $b<1$   C. $0<b<1$   D. $1<b<2$

(12) 下列关系中正确的是( ).

  A. $5^3 > 5^5$

  B. $5^{-3} < 5^{-5}$

  C. $\left(\dfrac{1}{5}\right)^3 > \left(\dfrac{1}{5}\right)^5$

  D. $\left(\dfrac{1}{5}\right)^3 < \left(\dfrac{1}{5}\right)^5$

(13) 下列关系中正确的是( ).

  A. $\log_2 3 > \log_2 5$

  B. $\log_{0.2} 3 > \log_{0.2} 5$

  C. $\ln 3 > \ln 5$

  D. $\lg 3 > \lg 5$

(14) 下列等式中错误的是( ).

  A. $(a^m)^n = a^{mn}$

  B. $a^m + a^n = a^{m+n}$

  C. $\dfrac{a^n}{a^m} = a^{n-m}$

  D. $(ab)^m = a^m b^m$

(15) 计算 $\log_3 15 - \log_3 5 = ($  $)$.

  A. 10   B. 3   C. 1   D. 0

(16) $\log_3 9 = ($  $)$.

  A. 3   B. $-3$   C. 2   D. $-2$

(17) 函数 $y = 2^x$ 与 $y = \log_2 x$ 关于( )对称.

  A. $x$ 轴   B. $y$ 轴   C. $y = x$   D. 原点

(18) 函数 $y = \log_{\frac{1}{2}} x$ 与 $y = \log_2 x$ 关于( )对称.

  A. $x$ 轴   B. $y$ 轴   C. $y = x$   D. 原点

(19) 下列点在函数 $y = 2^x$ 的图像上的是( ).

  A. $(2,1)$   B. $(2,-1)$   C. $\left(1, \dfrac{1}{2}\right)$   D. $\left(-1, \dfrac{1}{2}\right)$

(20) 下列点在函数 $y = \log_2 x$ 的图像上的是( ).

  A. $(2,1)$   B. $(2,-1)$   C. $\left(1, \dfrac{1}{2}\right)$   D. $\left(-1, \dfrac{1}{2}\right)$

2. 填空题：

(1) 计算：

$\left(\dfrac{1}{2}\right)^0 = $ _____ ;   $3^{-2} = $ _____ ;   $8^{\frac{2}{3}} = $ _____ ;

$(\sqrt[5]{-3})^5 = $ _____ ;   $\sqrt[4]{(3-\pi)^4} = $ _____ ;   $\ln 1 = $ _____ ;

$\lg 10 = $ _____ ;   $\ln e = $ _____ ;   $\log_2 4 = $ _____ ;

$\log_3 \frac{1}{9} = $ _____ ; $2^{\log_2 4} = $ _____ .

(2) 已知下列不等式，比较 $m,n$ 的大小：

$3^m > 3^n$ _____ ; $\quad a^m > a^n (0 < a < 1)$ _____ ;

$\log_{0.3} m < \log_{0.3} n$ _____ ; $\quad \log_a m < \log_a n (a > 1)$ _____ .

(3) 求下列 $a$ 的范围：

$\log_a 3 > \log_a 2$ _____ ; $\quad \log_{0.1} a \geqslant \log_{0.1} 2$ _____ ;

$a^3 < a^2$ _____ ; $\quad 2^a < 2^5$ _____ ; $\quad 0.2^a \leqslant 0.2^5$ _____ .

(4) 函数 $y = 3^x$ 与 $y = 3^{-x}$ 的图像关于 _____ 对称.

(5) 函数 $y = x^{-1}$ 的定义域是 _____ ；

函数 $y = x^{\frac{1}{2}}$ 的定义域是 _____ ；

函数 $y = \log_a x$ 的定义域是 _____ ；

函数 $y = \lg(5 - 3x)$ 的定义域是 _____ .

3. 判断题：

(1) $\sqrt[3]{(3-\pi)^3} = 3 - \pi$. ( )

(2) $(\sqrt[3]{3-\pi})^3 = 3 - \pi$. ( )

(3) $\sqrt[n]{a^m} = a^{\frac{m}{n}}$. ( )

(4) $\frac{1}{\sqrt[n]{a^m}} = a^{-\frac{m}{n}}$. ( )

(5) $\log_a m + \log_a n = \log_a (n+m)$. ( )

(6) $\frac{\log_a m}{\log_a n} = \log_a (m-n)$. ( )

(7) $\log_a b = \frac{\lg a}{\lg b}$. ( )

(8) $y = 3^x$ 在 **R** 上是增函数. ( )

(9) $y = 3^x$ 的定义域是全体实数. ( )

(10) $y = 3^x$ 的值域是 $(0, +\infty)$. ( )

4. 计算：

(1) $\left(\frac{25}{4}\right)^{\frac{1}{2}} + 2^{-2} + 0.001^0$ ; (2) $\log_3 \frac{1}{18} + \log_3 2$ ; (3) $\lg 5 - \lg 0.5$ ;

(4) $\log_2 (\sqrt{2} \times 4^3)$ ; (5) $\log_2 9 \times \log_3 32$ .

5. 化简：

(1) $(-x^{\frac{1}{2}}y^{\frac{2}{3}})^6$；　　　　(2) $x^2 \cdot x^{\frac{3}{2}}$；　　　　(3) $x^{\frac{5}{3}} \div x^{\frac{3}{2}}$；

(4) $2a^{\frac{1}{2}}b^{-\frac{1}{2}} \div \left(-\frac{2}{3}a^{\frac{5}{2}}b^{-\frac{1}{2}}\right)$.

6. 指数式、对数式互化：

(1) $y = e^x$；　(2) $y = 10^x$；　(3) $\log_2 1 = 0$；　(4) $\log_a \frac{1}{a} = -1$.

7. 已知幂函数 $f(x) = x^\alpha$ 的图像过点 $(3, 9)$，求函数的解析式.

8. 求下列 $x$：

(1) $\log_x 25 = 2$；　　　　(2) $\log_3 x = -1$；　　　　(3) $x^{-\frac{3}{2}} = \frac{1}{8}$.

## 复 习 题 B

1. 填空题：

(1) 用根式的形式表示下列各式：

$a^{\frac{1}{5}} = $ _____；　　　　　　　　$a^{-\frac{3}{2}} = $ _____.

(2) 用分数指数幂的形式表示下列各式：

$\sqrt[4]{x^4 y^3} = $ _____；　　　　　　$\dfrac{m^2}{\sqrt{m}} = $ _____ $(m > 0)$.

(3) 求下列各式的值：

$\sqrt{(3-\pi)^2} = $ _____；　　　　　　$25^{\frac{3}{2}} = $ _____；

$\left(\dfrac{25}{4}\right)^{-\frac{3}{2}} = $ _____；　　　　　　$\log_3 9 = $ _____；

$\lg 0.0001 = $ _____；　　　　　　$\log_9 27 = $ _____；

$\log_{\frac{1}{3}} 9 = $ _____；　　　　　　$\log_{32} 8 = $ _____；

$\log_a \sqrt[4]{a^{-3}} = $ _____；　　　　　$\ln \dfrac{1}{e} = $ _____；

$\log_2 (2^3 \times 4^5) = $ _____；　　　　$4^{\log_4 3} = $ _____.

(4) 函数 $y = a^x + 2$ $(a > 0, a \neq 1)$ 的图像必过定点_____.

(5) 比较下列各组数大小：

$\log_3 5.4$ _____ $\log_3 5.5$；　　　$\log_{\frac{1}{3}} \pi$ _____ $\log_{\frac{1}{3}} e$；

$\lg 0.02$ _____ $\lg 3.12$；　　　　　$\ln 0.55$ _____ $\ln 0.56$.

(6) 已知下列不等式，试比较 $m, n$ 的大小：

若 $2^m < 2^n$,则_____; 若 $\log_{0.2} m < \log_{0.2} n$,则_____;
若 $a^m < a^n (0 < a < 1)$,则_____.

(7) 函数 $y = \left(\dfrac{1}{3}\right)^x$ 的图像与 $y = \left(\dfrac{1}{3}\right)^{-x}$ 的图像关于_____对称.

(8) 若 $\log_x 3 = 3$,则 $x =$ _____.

(9) 已知 $2\log_x 8 = 4$,则 $x =$ _____.

(10) 若一个幂函数 $f(x)$ 的图像过点 $\left(2, \dfrac{1}{4}\right)$,则 $f(x)$ 的解析式为_____.

(11) 函数 $y = x^3$ 的定义域为_____,奇偶性为_____.

2. 选择题:

(1) 下列函数是幂函数的是( ).

  A. $y = x + 1$    B. $y = x^3$    C. $y = 3^x$    D. $y = \log_2 x$

(2) 下列函数是指数函数的是( ).

  A. $y = 4^x$    B. $y = x^4$    C. $y = (-4)^x$    D. $y = 4x^2$

(3) 如果指数函数 $f(x) = (a-1)^x$ 是 **R** 上的单调减函数,那么 $a$ 的取值范围是( ).

  A. $a < 2$    B. $a > 2$    C. $1 < a < 2$    D. $0 < a < 1$

(4) 下列关系中正确的是( ).

  A. $\left(\dfrac{1}{2}\right)^{\frac{1}{3}} > \left(\dfrac{1}{2}\right)^{\frac{1}{5}}$      B. $2^{0.1} > 2^{0.2}$

  C. $2^{-0.1} > 2^{-0.2}$      D. $\left(\dfrac{1}{2}\right)^{-\frac{1}{5}} > \left(\dfrac{1}{2}\right)^{-\frac{1}{3}}$

(5) 下列等式中正确的是( ).

  A. $\log_3 1 = 3$      B. $\log_3 0 = 1$

  C. $\log_2 3^5 = 5\log_2 3$      D. $\log_{\frac{1}{2}} 4 = 2$

(6) 设 $a > 0$ 且 $a \neq 1$,下列等式中正确的是( ).

  A. $\log_a(M+N) = \log_a M + \log_a N$   $(M > 0, N > 0)$

  B. $\log_a(M-N) = \log_a M - \log_a N$   $(M > 0, N > 0)$

  C. $\dfrac{\log_a M}{\log_a N} = \log_a \dfrac{M}{N}$   $(M > 0, N > 0)$

  D. $\log_a M - \log_a N = \log_a \dfrac{M}{N}$   $(M > 0, N > 0)$

(7) 以下四个命题中,不正确的命题是( ).

　　A. 对数的真数大于 0

　　B. 若 $a>0$ 且 $a\neq 1$,则 $\log_a 1=a$

　　C. 若 $a>0$ 且 $a\neq 1$,则 $\log_a a=1$

　　D. 若 $a>0$ 且 $a\neq 1$,则 $a^{\log_a 3}=3$

(8) 已知 $\log_a 2>\log_a 3$,则 $a$ 的取值范围是( ).

　　A. $a>1$　　B. $a<1$　　C. $0<a<1$　　D. $a>1$ 或 $a<1$

(9) 计算 $\log_3 18-\log_3 2=($ 　　).

　　A. 3　　　　　　B. 2　　　　　　C. 1　　　　　　D. $\log_3 16$

(10) 下列不等式中不正确的是( ).

　　A. $\log_{0.2} 2>\log_{0.2} 3$　　　　　　B. $\log_{0.5} 0.6>1$

　　C. $\log_2 \frac{2}{3}>\log_2 \frac{2}{5}$　　　　　　D. $\log_3 \frac{2}{3}<\log_3 \frac{3}{2}$

3. 解下列方程：

(1) $x^{-\frac{1}{3}}=\frac{1}{8}$;　　　　　　　　(2) $2x^{\frac{3}{4}}-1=15$.

4. 已知指数函数 $f(x)=a^x$ 的图像过点 $\left(2,\frac{1}{16}\right)$,求 $a$ 和 $f(-1)$ 的值.

5. 计算：

(1) $\left(\frac{4}{9}\right)^{\frac{1}{2}}+\left(3\frac{3}{8}\right)^{-\frac{2}{3}}-(0.001)^0$;　　(2) $4a^{\frac{2}{3}}b^{-\frac{1}{3}}\div\left(-\frac{2}{3}a^{-\frac{1}{3}}b^{-\frac{1}{3}}\right)$;

(3) $2\lg 5+\lg 4$;　　　　　　　　　　(4) $\log_3 \frac{2}{9}+\log_3 \frac{27}{2}$;

(5) $\log_3 2\times\log_2 9$;　　　　　　　　(6) $\log_8 9\times\log_3 32$.

6. 已知 $\lg 2=a,\lg 3=b$,试用 $a,b$ 表示下列各对数：

(1) $\lg 108$;　　　　　　　　　　　(2) $\lg \frac{18}{25}$.

7. 求下列函数的定义域：

　　(1) $y=\log_2(4-x)$;　　(2) $y=\log_a \sqrt{x-1}\ (a>0, a\neq 1)$;

　　(3) $y=\log_2(2x+1)$;　　(4) $y=\sqrt{2^x-4}$.

8. 已知 $a>0$ 且 $a\neq 1,\log_a 2=m,\log_a 3=n$,求 $a^{2m+n}$ 的值.

9. 某集团公司今年产值 20 亿元,如果平均年增长 8%,多少年后能够达到 40 亿元？($\lg 1.08\approx 0.0334,\lg 2\approx 0.3010$)

# 自 测 题

1. 选择题：

    (1) 下列表示实数集的是( ).

    A. **Z**　　　　B. **Q**　　　　C. **N**　　　　D. **R**

    (2) 设集合 $A=\{2,4,6,8\}$，$B=\{1,3,5,7\}$，则 $A\cap B=$( ).

    A. $\{1,2,3,4,5,6,7,8\}$　　　　B. $\varnothing$

    C. $\{2,4,6,8\}$　　　　D. $\{1,3,5,7\}$

    (3) 设全集 $U=\mathbf{R}$，$A=\{$无理数$\}$，则 $\complement_U A=$( ).

    A. **Z**　　　　B. **Q**　　　　C. **N**　　　　D. **R**

    (4) 如果 $a>b$，那么下列关系错误的是( ).

    A. $a-c>b-c$　　　　B. $ac^2>bc^2$

    C. $\dfrac{a}{3}>\dfrac{b}{3}$　　　　D. $\dfrac{a}{c^2}>\dfrac{b}{c^2}$

    (5) $A,B$ 不全为 0 是 $Ax+By+C=0$ 为直线方程的( ).

    A. 充分必要条件　　　　B. 必要非充分条件

    C. 充要条件　　　　D. 既非充分也非必要条件

    (6) 集合 $\{x|x<5\}$ 用区间表示为( ).

    A. $[5,+\infty)$　　B. $(5,+\infty)$　　C. $(-\infty,5]$　　D. $(-\infty,5)$

    (7) 不等式 $|x|>-1$ 的解集是( ).

    A. **R**　　B. $(1,+\infty)$　　C. $(-\infty,-1)$　　D. $(-\infty,1)$

    (8) 函数 $y=2x^2-4x+1$，则 $f(2)=$( ).

    A. 2　　　　B. 1　　　　C. $-1$　　　　D. 3

    (9) 函数 $f(x)=\sqrt[3]{x-3}$ 的定义域是( ).

    A. $\{x|x\neq 3\}$　　B. $\{x|x>3\}$　　C. $\{x|x\geqslant 3\}$　　D. $\{x|x\in\mathbf{R}\}$

    (10) 下列函数是奇函数的是( ).

A. $y=x^2$   B. $y=\sqrt{x}$   C. $y=x$   D. $y=x^{-2}$

(11) $y=\dfrac{1}{2-x}$ 的定义域是( ).

A. **R**   B. $\{x|x<2\}$   C. $\{x|x>2\}$   D. $\{x|x\neq 2\}$

(12) 设集合 $B=\{x|x\geqslant -1\}$, $b=1$,则下面关系正确的是( ).

A. $b\subseteq B$   B. $\{b\}\in B$   C. $b\notin B$   D. $\{b\}\subset B$

(13) $\log_3 30-\log_3 10=$( ).

A. 2   B. 1   C. $-1$   D. 0

(14) 下列点在函数 $y=x^{-1}$ 上的是( ).

A. $(1,1)$   B. $(1,-1)$   C. $(-1,1)$   D. $(1,0)$

(15) 下列是幂函数的是( ).

A. $y=(-2)^x$   B. $y=x^2$   C. $y=2^x$   D. $y=\log_2 x$

(16) 如果指数函数 $y=(b-1)^x$ 在 **R** 上是增函数,则 $b$ 的范围为( ).

A. $b>1$   B. $b<1$   C. $b>2$   D. $1<b<2$

2. 判断题：

(1) 空集是任何非空集合的真子集. ( )

(2) 若 $a<b$,则 $ac^2<bc^2$ ($c\geqslant 0$). ( )

(3) $\sqrt[n]{a^n}=a$ ($n$ 为奇数). ( )

(4) $y=\dfrac{1}{x}$ 在 $(0,+\infty)$ 上是减函数. ( )

(5) 函数 $y=\log_a x$ 的定义域是 **R**. ( )

(6) $|x-3|<1$ 的解集是空集. ( )

(7) 函数 $y=3^x$ 与 $y=3^{-x}$ 的图像关于 $x$ 轴对称. ( )

(8) $y=x$ 与 $y=(\sqrt{x})^2$ 是同一函数. ( )

(9) $y=x^3$ 在 **R** 上是单调递增的奇函数. ( )

(10) $\log_a(M+N)=\log_a M \cdot \log_a N$. ( )

(11) $x>2$ 是 $x>\dfrac{1}{2}$ 的充分条件. ( )

3. 填空题：

(1) (用"$\in$""$\notin$""$\subseteq$""$\supseteq$"填空) $\pi$ _____ **Q**, $-1$ _____ **N**, $\{0\}$ _____ $\varnothing$, $\{a,b,c\}$ _____ $\{a\}$, $\{1,-4\}$ _____ $\{x|x^2+3x-4=0\}$.

(2) 已知 $A(-2,1)$, $B(1,5)$, 则 $AB$ 的中点坐标为_____, $|AB|$ = _____.

(3) 点 $(-3,0)$ 关于 $x,y$ 轴的对称点分别为_____和_____.

(4) 函数 $y=-2x^2-6x+1$ 开口向_____, 对称轴是 $x=$ _____, 当 $x>$ _____ 时, $y$ 随 $x$ 的增大而减小.

(5) 已知 $f(x)=\begin{cases}-x+2, & x>5;\\ x^2, & x\leqslant 5,\end{cases}$ 则 $f(f(6))=$ _____.

(6) 函数 $y=1-x^2(x>0)$ 的反函数是_____.

(7) 计算:

$\sqrt[4]{(3-\pi)^4}=$ _____ ; $\log_9\dfrac{1}{27}=$ _____ ;

$3^{\log_3 8}=$ _____.

(8) 比较大小:

$\log_{1.01}0.5$ _____ $\log_{1.01}1.2$;  $0.99^{1.1}$ _____ $0.99^{1.2}$.

4. 求不等式的解集:

(1) $\dfrac{2x+1}{x+2}\leqslant 1$;  (2) $-2x^2+5x+3\leqslant 0$.

5. 已知 $U=\mathbf{R}$, $A=\{x|0<x<3\}$, $B=\{x|-1\leqslant x<2\}$, 求 $A\cap B$, $A\cup B$, $\complement_U(A\cap B)$.

6. 已知指数函数的图像经过点 $\left(4,\dfrac{1}{16}\right)$, 求函数的解析式.

7. 在 $\square ABCD$ 中, 已知 $A(2,-1)$, $B(3,2)$, $C(-1,3)$, 求顶点 $D$ 的坐标.

8. 已知函数 $f(x)=\log_2(2+x)$, 求:

(1) 函数 $f(x)$ 的定义域;

(2) $f(1)-f(4)$ 的值;

(3) 不等式 $f(x)\leqslant 2$ 的解集.

# 打造学术精品　服务教育事业
## 河南大学出版社
## 读者信息反馈表

尊敬的读者：

感谢您购买、阅读和使用河南大学出版社的_____一书,我们希望通过这张小小的反馈表来获得您更多的建议和意见,以改进我们的工作,加强我们双方的沟通和联系。我们期待着能为您和更多的读者提供更多的好书。

请您填妥下表后,寄回或发 E-mail 给我们,对您的支持我们不胜感激!

1. 您是从何种途径得知本书的:
   □书店　□网上　□报刊　□图书馆　□朋友推荐

2. 您为什么决定购买本书:
   □工作需要　□学习参考　□对本书感兴趣　□随便翻翻

3. 您对本书内容的评价是:
   □很好　□好　□一般　□差　□很差

4. 您在阅读本书的过程中有没有发现明显的专业及编校错误? 如果有,它们是:
   _____
   _____
   _____

5. 您对哪一类的图书信息比较感兴趣:_____
   _____

6. 如果方便,请提供您的个人信息,以便于我们和您联系(您的个人资料我们将严格保密):
   您供职的单位:_____
   您教授的课程(老师填写):_____
   您的通信地址:_____
   您的电子邮箱:_____


请联系我们:

电话:0371-86059712　0371-86059713　0371-86059715

传真:0371-86059713

E-mail:hdgdjyfs@163.com

通信地址:河南省郑州市郑东新区 CBD 商务外环路商务西七街中华大厦 2412 室

河南大学出版社高等教育与职业教育出版分公司